青少年 STEAM 活动核心系列丛书

乐学 Web 编程
—— 网站制作不神秘

祝晓光　编著

U0363076

清华大学出版社

北　京

内 容 简 介

本书通过通俗易懂的语言，向读者介绍了当前最主流的互联网应用之———Web 网站的技术实质，包括 Web 及各种相关技术（如服务器端、客户端、协议等）的作用和发展历程；还通过实例介绍了 HTML、CSS、JavaScript、PHP、Markdown 等语言，使读者对 Web 各项技术有一个全面、深入的了解，并可以亲自动手打造一个独具特色的个性化网站。在本书最后，对通用性比较强的网站建设品质要求做了简要介绍。另外，针对当前 Web 领域网络安全事件频发的现状，穿插讲解了 Web 安全的一些基础知识，甚至给出了一些攻防案例，使读者在轻松阅读的同时可建立起良好的安全意识。

本书适合想学习网络编程或网站开发，又几乎没有相关技术基础的中小学生；想了解网络与网站技术的非 IT 相关领域的成年人；尤其是家里有好学儿童的家长，都可以把这本书当作快速、易学的入门读物。

本书封面贴有清华大学出版社防伪标签，无标签者不得销售。

版权所有，侵权必究。举报：010-62782989，beiqinquan@tup.tsinghua.edu.cn。

图书在版编目（CIP）数据

乐学 Web 编程：网站制作不神秘 / 祝晓光编著 . —北京：清华大学出版社，2021.1
（青少年 STEAM 活动核心系列丛书）
ISBN 978-7-302-56527-7

Ⅰ．①乐…　Ⅱ．①祝…　Ⅲ．①网页制作工具—程序设计—青少年读物　Ⅳ．① TP393.092-49

中国版本图书馆 CIP 数据核字（2020）第 182922 号

责任编辑：贾小红
封面设计：秦　丽
版式设计：文森时代
责任校对：马军令
责任印制：丛怀宇

出版发行：清华大学出版社
　　　网　　　址：http://www.tup.com.cn，http://www.wqbook.com
　　　地　　　址：北京清华大学学研大厦 A 座　　　邮　　编：100084
　　　社 总 机：010–62770175　　　邮　　购：010–62786544
　　　投稿与读者服务：010–62776969，c-service@tup.tsinghua.edu.cn
　　　质量反馈：010–62772015，zhiliang@tup.tsinghua.edu.cn
印 装 者：三河市君旺印务有限公司
经　　销：全国新华书店
开　　本：170mm×230mm　　印　张：12　　字　数：195 千字
版　　次：2021 年 1 月第 1 版　　印　次：2021 年 1 月第 1 次印刷
定　　价：59.00 元

产品编号：080283–01

万维网使得全世界的人们以史无前例的巨大规模相互交流。……万维网是人类历史上最深远、最广泛的传播媒介。

——摘自百度百科"万维网"词条

写作背景

1969 年，国际互联网 Internet 诞生。但由于网上内容的表现形式极为枯燥，且联网操作非常复杂，一直未能广泛流传。

1989 年，英国科学家蒂姆·伯纳斯·李发明了万维网，并正式命名为 World Wide Web（中文译作"万维网"），简称 WWW。

1990 年，圣诞节假期，蒂姆·伯纳斯·李制作了世界上第一个万维网浏览器和第一个网页服务器。

1991 年 5 月，万维网 WWW 首次在 Internet 上露面，立即引起轰动，获得了极大的成功。很快，WWW 就以极快的速度被广泛推广应用，以至于在很多人的心目中，互联网就是 WWW，WWW 就是互联网。

我们已经习惯于随时打开计算机或手机，使用网站提供的各类服务。毫不客气地说，网络时代，我们的生活已经和万维网密不可分。但也正是因为我们与网络的关系过于密切，很多人通过攻击网络漏洞来实现一些不可告人的目的。媒体曾广泛报道的各种黑客攻击和信息泄漏事件，更显著扩大了人们对网络黑客的恐惧。

恐惧来源于未知，而消除恐惧的最好方法就是了解。

另外，据知名网站 w3techs.com 的统计（2019 年 11 月），有着世界上近 1/5 人口的中国，仅拥有全世界约 2% 的网站。不但与拥有全世界 40% 的网站的美国（人口占比 4.4%）差距很大，也明显低于德国、俄罗斯、日本、法国、英国，甚至连荷兰（其人口数量只有中国的 1.2%）的网站数量（2.9%）都高于中国。

也就是说，我国人均网站的数量，只有世界平均水平的 1/10、美国的 1/90 ！

我们再换一个角度，从网站内容所使用的语言进行统计，全球使用英语的网站比率为 55.3%，而使用汉语的网站比率是多少呢？只有 1.5% ！比英语低不足为奇，毕竟在某种程度上来说英语是世界通用语言。但是，很多小语种，如土耳其语和意大利语的网站比率均为 1.9%，波斯语、葡萄牙语、日语、法语、西班牙语、德语、俄语的网站数量更是都比汉语高（2.2% ~ 7%），就连波兰语，在全世界网站中的使用比率都和汉语不相上下。

显然，从这些简单的数字中可以明显看出：我国的网络发展还有非常大的空间，毫无疑问也需要更多的专业人才。

基于这些数据和认识，为了能让更多的人可以轻松地了解 Web 技术，甚至以后成为该领域的专业人士，本书用通俗易懂的方式对 Web 领域的主要技术进行阐述，试图拨开层层迷雾，让读者能够看清楚技术的全貌和实质。

本书内容

首先，编写本书的目的只是让读者更加清晰地了解 Web，而不是把读者变成 Web 技术专家。

全书分为 6 章。

第 1 章从不同的角度简单介绍什么是网站，并对构成万维网这一伟大发明的浏览器、网站和 HTTP 协议这三大部分进行了简要介绍。

第 2 章的主要目的就是让读者通过最简单的步骤，先把一个属于自己的网站建立起来，学习的最好方法就是亲自动手。这个自己建立的网站，就作为后续学习的舞台了。

第 3 章介绍网页制作的基础知识——HTML 语言和 CSS 层叠样式表。有了网站，接下来就要有内容。

第 4 章介绍读者可以像一个电影导演一样，用一种被称为 JavaScript 的脚本语言，指挥着网页这个舞台上的所有演员、道具、场景等。这样，我们网站上的内容，就不再是无聊的静止不动的了。

第 5 章讲的是一个网站的真正的灵魂所在——服务器端编程。这样，我们的网站就具备了和浏览者互动的能力。

第 6 章描述网站的品质问题。我们说作品如同人品，网站也一样，优雅、体贴、善解人意等这些词，也可以用来形容品质比较好的网站。

附录 A 基于著名网站 w3techs.com 的统计，简单介绍了近几年 Web 技术的发展。

附录 B 比较有节制地叙述了目前互联网上最流行的写作语言 Markdown 以及相关工具的使用方法。

致谢

首先感谢我的父亲和母亲，是他们用无尽的艰辛，在温饱尚且不足的年代，坚持供我们兄妹几个上学读书，从贫穷落后的农村走进大学，这样我才有了机会接触计算机网络这个神奇的科技世界。

其次，要感谢我的妻子和女儿，有了她们，我不但有了温馨的家庭作为难得的工作和生活环境，而且在写作过程中我也得到了她们的直接帮助和建议。

我还要感谢清华大学出版社的编辑和本套图书的总策划王莉女士，她对工作的精益求精和充分为读者考虑的精神值得我学习。

最后，最值得感谢的是读者朋友，你们的阅读和关注才使得这本书有了意义。但由于作者水平有限，书中难免存在疏漏和错误之处，敬请批评指正。

编　者

2020 年 10 月

目　录

第 1 章

大大小小的网站

亲爱的同学，欢迎来到奇妙的网络世界！

其实这句话我已经说晚了。

作为本书的读者，很可能从你懂事开始，就已经对计算机、智能手机、Pad、网络等习以为常，早就用计算机或者手机访问过无数个网站了。

作为网络世界的"原住民"，你们这一代无疑是令父母辈甚至祖父母辈的人们羡慕的。从懂事开始，就习惯了这个有着网站这一奇妙事物的世界。

你可能已经知道，就像图 1-1 展现的那样，现在这个网络时代最大的特点就是"一切皆联网"，换个说法就是"网络连接一切"。除了常见的计算机、手机、Pad、电视机可以联网外，汽车、机器人、音箱、冰箱、洗衣机，甚至防盗门和窗户都可以联网（没错，就是现在很火的智能家居）。那么这些设备通过网络，到底连接的是什么呢？也就是说，你知道在网络的另一端，又是怎么回事儿吗？

"是服务器！是网站！"知识比较丰富的读者心中可能已经有了这个答案。

没错，网络上为大家提供各种服务的设备，除了一些专门负责搭建数据传输通道的网络设备外，最主要的就是各种各样的服务器了。而这些服务器中，最普遍、和我们关系最密切的就是各种各样的网站了。

那么，网络中无数形形色色的网站到底是怎么回事？这些网站是怎么被建立、又是怎么运作的呢？

图 1-1　奇妙的网络世界

　　其实，这些网站并不神秘。经过简短地了解和学习，你完全可以弄明白网站到底是怎么回事，甚至还可以自己动手搭建一个属于自己的独特的网站。

　　和大家一样，小白也是一位喜欢计算机、喜欢琢磨，又有些管不住自己的同学。这几天，小白突然对网站技术产生了兴趣。接下来，我们就和小白同学一起，找漂亮可亲的清青老师给我们好好说说网站的事情，如图 1-2 所示。

图 1-2　关于网站的几个问题

1.1 网站到底是什么

清青老师先不说网站，而是给大家讲了一个盲人摸象的故事，如图 1-3 所示。通过这个故事，我们就能发现关于"网站到底是什么"这个问题，不同的人有不同的理解。

图 1-3 盲人摸象的故事

1.1.1 先有了网，然后才有网站

简单来说，把计算机（现在的手机、平板电脑、电视机，甚至电冰箱、汽车、防盗门等）连接起来，并使其相互间交换信息协同工作，那么这些计算机就组成了网络，也就是人们所说的网。

而网站呢，其实就是网上无数计算机中的一类，是专门供大家用浏览器访问的那些计算机。

回顾历史，世界上是先有了计算机，然后有了网络，再后来才有了网站。

其实网站的历史并不长，世界上第一个网站的年龄到现在还不到 30 岁，那么这个网站诞生在哪儿呢？说到这件事情，我建议各位同学，尤其是喜欢物理的同学，如果有机会到法国、瑞士等国家旅游，一定要去一个神圣的地方看看。

这个神圣且美丽的地方，就坐落于瑞士日内瓦西部，与法国接壤。如果你去过，那一定对图 1-4 照片中的"大金球"印象深刻。

图 1-4 网站技术的发源地——欧洲核子研究组织

这个大金球，是非常牛的一个科研机构。它的名字，说出来可是如雷贯耳，它就是欧洲核子研究组织！有的人也会叫它欧洲原子能研究组织或欧洲粒子物理研究所，简称 CERN（法语：Conseil Européenn pour la Recherche Nucléaire；英语：European Organization for Nuclear Research）。为什么说它非常牛呢？

首先，这个组织吸引了来自 80 多个国家的近万名顶尖的科学家到这儿做实验，这几乎代表着全世界粒子物理学界的半壁江山！这个组织中的科学家，获得过的诺贝尔奖非常多！

小白实在忍不住打断了清青老师的话："老师老师，您是不是搞错了，不是说好的讲网站吗？怎么说起核子物理来啦？"

清青老师笑了："不要着急嘛，这些科学家牛就牛在这儿。"

除了很多了不起的核物理研究成果之外，这个组织还有一个虽然和核物理没太大关系但是对人类文明的贡献非常巨大的发明，那就是万维网！世界上第一个网站和第一个浏览器就诞生在这个核子研究组织里，而它的发明者，就是图 1-5 中这位被大家尊称为"互联网之父"的、长相很帅气的英国科学家——蒂姆·伯纳斯·李（Tim Berners-Lee）。

正是由于他和欧洲核子研究组织把网站和浏览器的发明及有关技术免费向全人类开放，才有了后来无处不在、精彩纷呈、不计其数的各种网站。

对了，你想不想看看世界上第一个网站是什么样子？

图 1-5　万维网的发明人蒂姆·伯纳斯·李爵士

如果想的话，就打开你计算机上的浏览器，输入地址 http://info.cern.ch/hypertext/WWW/TheProject.html 就可以看到了。

这个地址中的 cern，就是法语"欧洲核子研究组织"的简称。作为"重建世界上第一个网站"项目的一部分，CERN 于 2013 年使用这个原始网址恢复了世界上第一个网站的原貌，也正因为如此，今天我们才可以一睹这个史上第一个网站的风采（见图 1-6）。

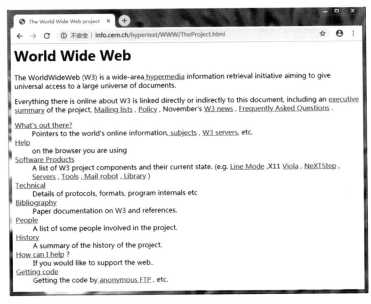

图 1-6　人类历史上的第一个网站

很简陋是吧？连个图片都没有！但这就是世界上的第一个网站。

1.1.2 网站就是计算机

清青老师继续介绍网站的知识："其实，我们说网站并不神秘，第一个原因就是网站无非也是计算机。"清青老师刚说完这句话，小白又忍不住打断了老师："老师，老师，计算机我知道，我们家就有好几台呢！难道我们家的计算机也可以变成网站吗？"

清青老师被小白打断却一点儿也不生气，她高兴地说道："没错！我们家用的计算机也完全可以变成网站。后面，我们将一起看看，如何通过几个简单的步骤让我们常用的计算机摇身一变，成为一个名副其实的网站。其实，不光是常见的计算机可以变成网站，就连手机、家里的路由器都可以变成网站。这是为什么呢？因为手机、路由器等其实也是计算机！它们和其他的计算机一样，都有 CPU、操作系统、内存等这些构成计算机的要素。"

说着，清青老师从兜里掏出一个漂亮的小东西（见图 1-7），说："大家看这是什么？"

小白瞪大眼睛看了看："这不就是一个小充电宝吗，没什么稀奇的。"

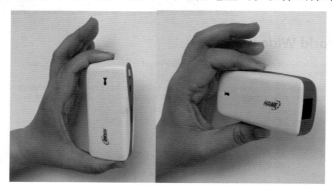

图 1-7　具备无线路由器功能的移动电源

"是的，这是一个很常见、又非常小巧的充电宝，可是别看它很小，它同时还是一个路由器、一台计算机，甚至是一个网站！不相信吗？我们一起来看看。"

清青老师一边说，一边打开了充电宝的电源开关，把计算机的网线插到了充电宝的网线接口上，然后打开了计算机上的浏览器，并在地址栏里输入了几个数字"192.168.0.1",按 Enter 键后,在浏览器中果然打开了一个网站,如图 1-8 所示。看吧,这就是在这个充电宝上运行的一个很灵巧的网站,这个网站的作用就是查看和设置这个充电宝的路由器相关功能。

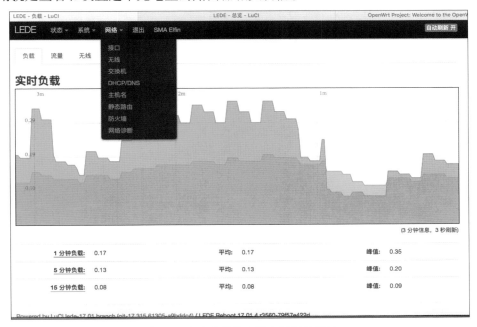

图 1-8 在小小的路由器上运行的网站

注:在这个路由器上运行的已经不是出厂自带的软件了,而是一个被称为 LEDE 的操作系统,全名是 Linux 嵌入式开发环境(Linux Embedded Development Environment)。既然叫"开发环境",当然就可以做很多有意思的开发,例如,图 1-8 中的 SMA Elfin 就是作者在这上面开发的一个应用程序。

网站,其实就是在计算机上运行一个特别的网站应用程序,除了软件之外,网站的硬件本质上就是计算机,和我们常见的计算机(不管是台式机还是笔记本电脑)没有什么本质区别。

当然,不同的网站对计算机的要求也不一样。有可能一台计算机担负着几个网站的角色,也有可能很多台超强的计算机(服务器)合作形成一个网站,甚至还有很多网站只是运行在虚拟的计算机上,这都取决于网站的具体要求。

1.1.3　网站就是信息

为什么世界上会有这么多网站呢？这个问题的答案会有很多个。其中一个最重要的原因就是，现在人类早已进入信息社会，而网站是在网络科技发展过程中，全世界人民在多种技术中，选中的一种最适合进行信息存储、分享和获取的技术。现在，人们一说上网，绝大多数情况下都是访问某些网站从而获取其上有用的信息。

如果从物理本质上说网站就是计算机，那么从网站存在的意义来说，网站就是信息。全世界无数网站的建设者们，通过多种方法，将各种信息加工以后存放在网站上，供人们根据自己的需要去访问获取。

还记得我们之前看过的人类历史上的第一个网站吗？那个网站上的内容是什么？

如果没记住，没关系，我们现在再去仔细看看，尤其是第一句：

The WorldWideWeb (W3) is a wide–area hypermedia information retrieval initiative aiming to give universal access to a large universe of documents.

在这句话里，说到了万维网是一种广域的、超媒体的信息获取方法，它最初的目标是为无数文档组成的"广袤的宇宙"提供一个统一的入口。

在大多数情况下，一个网站最值钱、最重要的部分，就是其中的信息。

万维网（World Wide Web）这种技术一经公布就快速地流行开来，其中一个非常重要的原因就是，通过这种方式共享出来的信息本身就可以组成一张无形而又可见的网。每一个网站所提供的信息，都成为这张巨大网的组成部分。人们可以在这张网上自由地"走来走去"——在计算机上用鼠标或者在手机、Pad 上用手指点那些蓝色带下画线的单词，就可以很方便地浏览世界上任何地方的网站，这就是我们平时说的"上网浏览"。

1.1.4　网站就是服务

小白听到这儿，已经有点儿要打瞌睡了。不过小白也听懂了："网站就是提供信息供人们访问的计算机。"

"小白同学总结得很好！"清青老师夸奖道，"和其他任何东西一样，我们从不同的角度来理解网站，那么对它的描述和定义也会不太一样。从网站的作用来看，可以说所有的网站存在的目的都是为人民服务，不管是提供信息供人们查询，还是基于各种信息提供更复杂的功能，如购物、网上银行等，这些都是服务。"

也就是说，网站就是服务，各种各样的服务。

所以我们理解的角度不同，对网站的认识也会各不相同，如图 1-9 所示。

图 1-9　盲人摸象 vs 不同角度看网站

用一句简单的话总结一下：网站无非就是提供某种信息或服务的计算机。

1.2　网站的用途

1.2.1　网站的类型五花八门

网站从诞生以来，在这二十多年的时间里，发生了翻天覆地的变化。仅仅从网站的数量来看，据知名互联网研究机构 Netcraft 在 2017 年 6 月的不完全统计，全世界的网站数量已经有 17.7 亿个！

那么这么多的网站,都有什么用呢? 或者说它们都是一些什么网站呢?

如果我们要形容这些网站的类型,一个再合适不过的词就是五花八门。从不同的维度进行划分,大致可以把所有的网站分为以下几个类型。

- 根据网站的商业目的,可以分为营利性网站和非营利性网站,前者如一些购物网站、网上银行等,后者如学校的网站、政府的网站等。
- 根据网站的拥有者,可以分为个人网站、企业网站、政府网站、教育网站等。
- 根据网站的用途,可以分为搜索引擎网站(如百度)、门户网站(如搜狐)、行业网站、娱乐网站、电子商务网站等。
- 根据网站的功能,可以分为单一功能网站(如某某论坛)和综合性网站。

当然,分类的方法还可以有很多,我们就不一一举例了。

1.2.2　万变不离其宗

前面说过那么多数量和种类的网站,也说过这些网站都是提供某些信息和服务的计算机。对于计算机我们都了解,除了显示器、键盘、鼠标、CPU、内存及硬盘等这些硬件之外,还有一个重要的软件就是操作系统(对操作系统还不太明白的同学可以看看王振世老师写的《乐学 Windows 操作系统》一书),在操作系统的基础上,还会用到很多不同种类的应用软件,例如各种游戏、浏览器、写作文档和制作演讲胶片的办公软件等。

那么作为网站的计算机和非网站的计算机有什么区别呢? 其实这个区别就在软件上。大家说网站就是服务,其中一个含义就是作为网站的计算机,其上运行着一个专门提供网络浏览服务的应用程序,其中最为著名的就是 Apache(见图 1-10)——听到这儿,小白眼睛一亮:"阿帕奇,不是那个很漂亮很厉害的直升机吗?"

图 1-10　Apache 软件基金会的标志

当然，网站服务程序和直升机肯定没有关系，只不过大家都用了 Apache 这个名字。

另外，这个软件还是免费的、开源的。那么开源是什么意思呢？大家学习编程，都知道最开始是用 C、Python 等不同的编程语言写出人类可以读懂的代码，这种代码被称为源程序或源代码。而"开源"的意思就是这些源代码对外开放，任何人都可以查看、使用，甚至根据自己的需要修改这些代码，这样开发人员就可以在别人代码的基础上继续开发，避免了很多重复劳动。

现在，世界上有很多著名的开源软件，而 Apache 就是其中非常重要的一个。正是由于这些开源软件的存在（当然也是那些作者的无私奉献），大家才拥有了今天这个美丽而强大的互联网。

一点通

　　Apache 这个词来自美国印第安土著语，寓意着拥有高超的作战策略和无穷的耐性；同时这也是一个印第安部族的名称（事实上，这是最后一个屈从于美国政府的印第安部族）。正是因为这个词强大的寓意，Apache 这个网站服务软件和那个强大的直升机的发明人在给产品起名的时候都不约而同地想到了它。当然，这个软件确实也很强大，没有辜负这个名字，早在十多年前，就成为世界上最受欢迎的网站服务软件之一。就像图 1-10 中的那根世界闻名的羽毛，它首先是 Apache 软件基金会的标志，可是在大家的心里，它也是 Apache HTTP Server 这个软件的标志。

1.3　我们一直在用浏览器使用网站

前面介绍了网站服务器方面的知识，知道了网站就是一些运行着专门的网站服务程序、提供信息和服务的计算机。大家平时接触网站，都是通过家里的计算机或者手机上的浏览器去访问的，常用的浏览器有 IE、火狐（FireFox）等。

1.3.1　浏览器的历史不长也不短

说起网络就不得不说浏览器。还记得欧洲的那个漂亮的大金球吗？是的，就是欧洲核子研究组织，浏览器作为网站的配套程序，也是他们发明的。浏览器与网站服务程序，加上浏览器与服务程序之间通信的语言，一起构成了被称为万维网（World Wide Web）的技术基础。正是因为有了方便易用的浏览器，互联网才真正走向了大众。

那位被大家尊称为"互联网之父"的——蒂姆·伯纳斯·李（Tim Berners-Lee）在 1991 年率领着一帮科学家向世界推出了他们发明的浏览器。在这不长不短的二十几年里，浏览器领域也发生过并且依然在发生着非常激烈、残酷的竞争，而这种竞争也促进了其飞速的发展。

1.3.2　常见的浏览器

现在网络已经普及到千家万户。我们平时一打开计算机，往往第一件事就是打开浏览器，到一些网站上浏览信息。那么你平时都用哪个浏览器呢？

最常见的就是随着 Windows 而来的 IE 浏览器，全名是 Microsoft Internet Explorer。当年微软公司就是凭着 Windows 操作系统的普及，在 Windows 中内置了这款浏览器，一举把当时的浏览器市场老大 Netscape Navigator 打败了。

而使用苹果电脑的同学，也会经常使用自带的 Safari 浏览器。如同苹果电脑和苹果操作系统一样，这款苹果公司出品的浏览器也有着优雅、简洁、高效的特点，深受人们的喜爱。

除了上述两款浏览器，大家常用的可能还有微软公司在 Windows 10 操作系统中引入的 Edge 浏览器，或者单独安装的 Firefox 火狐——这款非常受欢迎的浏览器的前身就是当年被微软打败的 Netscape Navigator 的产品，由于其强大灵活的功能深受很多用户喜爱。

除此之外，有的同学可能还用过谷歌公司出的 Chrome 浏览器，或者 Opera

浏览器等，加上国内很多公司，如百度、腾讯、搜狗、360 等也都有浏览器产品，现在的浏览器可谓是不胜枚举。

1.3.3　好用的浏览器

现在有这么多浏览器，可能很多同学都会在心里嘀咕：哪个才是最好用的？

当然，每个人对"最好用"的判断标准不一样，所以这个问题其实没有标准答案。

一般来说，浏览器好用与否更多的是看对计算机操作系统维护的好坏。一个没有感染恶意程序、没有安装太多不必要软件的计算机，用起来肯定就会比较流畅。

选择浏览器，首先当然是看个人的需求。例如，有些程序员喜欢用火狐，而很多网上银行对 IE 支持得较好等。

清青老师比较喜欢操作系统自带的浏览器，如 Windows 10 中的 Edge、Chrome 和苹果电脑上的 Safari 等，在 Linux 上则使用 Firefox 火狐。当然，有时候为了测试等原因，也会安装使用其他浏览器。

随着技术的发展，浏览器也在不断地发展和变化。例如，IE 曾经是世界上绝大多数人使用的浏览器，但现在连它的东家微软公司都要抛弃它了。估计用不了几年，这个浏览器就会在大家的眼前消失得无影无踪。

1.3.4　不务正业的浏览器

浏览器的作用是什么？小白抢着答道："这还不简单！不就是上网显示网页吗？"

没错，浏览器的作用其实很简单。但是那么多的服务器，上面有各种各样的网页，这些网页又是由不计其数的制作者制作的，内容五花八门，浏览器又是怎么知道该如何正确地显示出来呢？或者说，这些网页是怎么做出来的？为何能被各种浏览器都正确地显示给计算机前上网的人呢？

浏览器之所以能理解不计其数的网页并能正确地显示出来，就是因为这些网页都是用统一的浏览器可以"看得懂"的语言制作的，这种语言有一个专门的名称就是 HTML，是英文 HyperText Markup Language 的缩写，翻译过来就是超文本标记语言。

最早的 HTML 语言呈现的就是文本信息，于是就有人想到要在网页上添加其他丰富的内容，如图画、声音，甚至动画、视频，再到后来还有人在网页上添加各种小游戏让大家玩。所有这些，都需要浏览器能够正确地理解后才能正确地呈现。

随着互联网的发展，浏览器不但功能多了，开发浏览器软件的公司也多了起来，其中就有些公司为了追求商业利益，经常变着花样欺骗和误导用户安装使用自家的带有一些不良企图功能的浏览器，例如，有的浏览器打着保护个人隐私的旗号吸引大家安装使用，却在后台隐蔽地大肆收集用户信息！所以在选择浏览器时一定要慎重，尽量选择大家公认比较靠谱的浏览器，同时要尽量远离那些打着快速、安全等噱头欺骗用户安装使用的软件。一旦安装这种软件，可能就意味着你的计算机被别人强行征用了，哪怕卸载都没用，唯一的方法就是格式化硬盘并重新安装操作系统。

现在除了有各种打着旗号说自己就是浏览器的浏览器之外，还有很多不是浏览器的浏览器。说不是浏览器，是因为这些程序（或者说 App）都有着各自的正式名称（如 xxx 客户端），样子看起来和一般的浏览器也不大一样。说它们是浏览器，是因为它们本质上仍是披着一层外衣的浏览器。

1.4　浏览器和网站之间的对话方法

大家上网时都是使用浏览器来显示各个网站上的信息，有时候还会向网站提交一些信息（如在论坛上发帖）。而网站也是计算机，它之所以能为我们提供这些服务，实际上就是浏览器和网站服务器等共同合作的结果。

两个人要合作完成某件事情，肯定离不开两个人的沟通交流。同样地，浏览器和网站服务器要为我们提供服务，这些相关的计算机（更准确地说是这些相应的软件）之间也需要沟通交流。人和人之间主要的交流方式就是语言，那么计算机和计算机之间的交流是怎么实现的呢？人类要指挥计算机完成各种任务，又是如何与计算机进行沟通呢？其实也是通过一些"语言"，只不过这些语言每种都有自己的适用范围，往往完成一项任务需要多种语言组合使用。

1.4.1　计算机之间对话的语言

计算机是科学家发明出来的，科学家们同样为计算机之间的对话也发明创造出很多的语言。为了统一和规范计算机之间的对话，科学家们首先为计算机对话语言设计和约定了层次化的结构，并在此基础上形成统一的主张和约束。而这些统一的规范化要求，又被称作"协议""标准""建议""规范"等，并分别由一些专业化、国际化的组织负责维护和改进。

例如计算机要联网，那么首先要有一个网络接口，最常见的就是如图 1-11所示的网卡和网线。科学家们为这些网卡和网线制定了相应的标准，这样只要不同厂家生产的计算机、网线、路由器等产品都遵循这些统一的标准，那么通过网络，就可以互相连接了。

图 1-11　网线和接口

刚才说的网卡和网线，在整个层次结构中无疑处于比较低的层次，用专业术语来说，最低的层次就是"物理层"，例如，网线里面有几根芯、网线接头的形状等，都是物理层要解决的问题。

那么在物理层之上，就是计算机之间要完成交流的其他几个层级，如"网络层"使得计算机之间可以通过网络建立起连接。比如家里的计算机怎么会连得上淘宝的服务器呢？这就是网络层的功劳。

两台计算机之间建立起连接只是第一步，我们上网是为了浏览各个网站、使用 QQ 聊天、打游戏等。为了便于实现和使用这些服务，科学家们在网络层的上面，又设计了一个被称为"应用层"的层级，我们浏览网站使用的就是一种应用，QQ 聊天使用的又是另一种应用，当然，一个游戏也可以是一种应用。

图 1-12 所示就是一个简化的示意图，描述的就是两台主机（不管是家里用的普通计算机、手机，还是专业的服务器）之间进行对话所用的各种语言的层次结构。

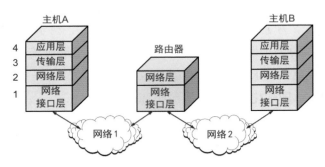

图 1-12　计算机相互交流的语言层次结构（简化）

当然，除了前面说的物理层、网络层、应用层之外，还有其他的层加在一起共同构成了一个完整的、复杂的层级结构，不过这和本书的内容关系不是太大，感兴趣的同学以后可以找其他书籍继续学习。

1.4.2　浏览器和网站对话的语言

大家仔细想想平时上网的过程，一般都是先打开浏览器，在地址栏里输入要访问的服务器地址或者单击书签里收藏的服务器地址。这就是我们交给浏览器的指令，浏览器在收到这个指令后就要找相应的服务器去请求提供我们想要的信息，一般都是一些包含着文字、图片、声音等内容的网页。这里浏览器和网站之间的对话所使用的就是前面提到过的"应用层"中的一种语言，具体名称就是 HTTP 协议（HyperText Transfer Protocol，超文本传输协议）。和前面提到的专业术语一样，现在我们先不管它的具体含义，只需要了解 HTTP 协议是浏览器和网站服务器之间对话的语言就可以了。

在这个很简单的语言中，科学家们为浏览器和服务器预先定义了各自可以说的几个关键的、简单的句子，就靠这几个简单的句子，二者就可以互相配合为我们提供精彩的网络浏览服务了。

1.4.3　浏览器和网站对话的过程

一般来说，把网站那端提供服务的计算机（以及相应的软件）称作"服务器（Server）"或"服务器端"，把我们平常用接受服务的计算机，尤其是上面的浏览器软件，称作"客户端（Client）"或者"浏览器（Browser）"，把它们两个放在一起，就构成了专业人士所说的"C/S 架构"或"B/S 架构"，即"客户端 / 服务器架构"或"浏览器 / 服务器架构"。也就是说，作为浏览器和服务器之间对话的语言，HTTP 协议是工作在"客户端 / 服务器"架构之上的，客户端使用 HTTP "语言"向服务器请求提供服务，服务器应客户端的要求也使用 HTTP "语言"提供相应的服务。这个过程可以用图 1-13 所示的简单的图画来表示。

图 1-13　客户端 / 服务器架构的基本交互过程

只有请求和响应，是不是很简单？我们再具体看看请求和响应里面的内容，例如，客户端发出的请求，最常见的就是"GET 请求"，我们都知道英文单词"GET"的意思就是"获取"。如果浏览器想要获取服务器上的一个名称为"fun.jpg"的图片，它就会向服务器发出下面这个请求。

GET /fun.jpg HTTP/1.1

HTTP 是浏览器和服务器之间对话的语言，那么这句话用人类的语言进行完整的解释，就是浏览器使用 1.1 版本的 HTTP 语言告诉服务器它想要获取名称为"/fun.jpg"的资源。注意，这里使用了"资源"这个词，前面的"/"符号表示的是这个资源所在的位置。一般情况下，服务器上的很多资源都是以文件的形式保存在服务器的硬盘上。

服务器在收到浏览器的这个请求后，当然就需要给浏览器一个响应，即Response。具体是什么响应就看服务器这边的具体情况了，例如以下几种情况。

- 服务器上有这个资源，服务器就会说"好吧，给你。"（当然要用 HTTP 语言，不然的话浏览器也听不懂啊）。
- 服务器上根本没有这个资源，它就只好对浏览器说"你搞错啦，我这儿没有你想要的东西！"
- 服务器上虽然有这个资源，但由于劳累过度，服务器已经快瘫痪了，它就只能抱歉地通知浏览器："对不起，我现在实在忙不过来了。"
- 服务器上虽然有这个资源，但来访的浏览器却没有权限访问，服务器也会毫不客气地告诉浏览器："走开！你没有权利享用这个资源！"

HTTP 是浏览器和服务器之间交谈的语言，是语言就有语法。很多同学一听到"语法"这个词就头疼。首先，请大家放心，HTTP 语言很简单，语法也很简单，但是计算机对语法的遵循又是非常的严格，如果浏览器跟服务器说的话（即请求）不符合语法规范，服务器就会说"对不起，你说的话我不懂。"

1.4.4 人会犯错误，网站也会

"人非圣贤，孰能无过"，计算机和软件都是人设计制造的，既然人会出错，那么人制造出来的计算机出点儿错误就再正常不过了。

而网站呢？不管是运行网站的计算机，还是其上的各种软件，有错误也是难以避免的。有的错误是难以预测的，例如，运行过程中某个硬件突然坏了，这时候网站就很可能出现一些非常奇怪的现象和错误。还有些错误是由于设计人员的疏忽大意或者配合失误造成的。有些错误虽然存在但不会造成严重的影响，如缺图片等，也就是看起来别扭一点儿而已。而有些错误则会造成非常严重、非常巨大的灾难性后果，这样的案例也有很多，甚至有的公司就是因为网站的错误导致的后果太严重而破产倒闭了。对于我们这些网站的使用者来说，要记住网站也有可能存在严重错误，所以在浏览使用网站时，不要把任何信息都往上传。

1.5　有人偷听怎么办？有人冒充怎么办？

现在网站越来越多，网络上的信息量也越来越大，而这些信息与每个人的隐私、财富甚至健康和生命的关系也越来越密切，自然而然的，也就对某些别有用心的人有着越来越大的吸引力。事实上，最近几年，不管是在国内还是国外，通过网络实施的犯罪活动越来越多，受害的人数和损失也越来越多。甚至有专家断言：未来五年，网络犯罪将成为世界上每个地方、每个人、每件事的最大威胁。

网络犯罪和计算机犯罪由来已久，每个领域都有可能成为被攻击的对象。但随着最近几年网站数量的爆炸式增长以及大家对网站的依赖越来越强，别有用心的人在网站方面花的精力也越来越多。他们使用的手段多种多样，其中比较常见的有窃听、钓鱼、冒充等。

我们先来了解一下窃听。窃听就是偷偷地听别人的谈话，例如，你正在和一个好朋友说悄悄话，谁都没注意到旁边有个讨厌的家伙在竖着耳朵偷听，如图 1-14 所示。

图 1-14　传统的隔墙有耳

那么到了网络世界，各种信息都是在我们的计算机和网上的服务器之间传来传去，有些人就会想办法在这些信息传送的道路上做些手脚，偷看经过这些道路的信息内容，从中找出有利用价值的内容。就像图 1-15 所描述的那样，PC1 和 PC2 两个人的计算机之间相互传送的内容，被计算机 PC3 全部接收下来，这些信息也就被窃取了。

图 1-15　网络世界的窃听

　　再来说说钓鱼。你喜欢钓鱼吗？坐在水边，准备好鱼竿、鱼钩、鱼饵，优雅地将鱼钩甩到远处的水中，然后静等着鱼儿上钩，看到鱼漂下沉的一刹那，以及把鱼从水里钓出来的那一瞬间的感觉，确实让人难以言表地着迷。

　　同样，网上某些别有用心的人也喜欢钓鱼。他们钓鱼的方法就是制作一些看起来和正规网站非常像的恶意网站并到处发布诱导信息，然后等着没有防范意识的用户浏览这些恶意网站。由于这些恶意网站看起来和正规网站一样，这些用户还以为就是在访问正规的网站，就会像往常一样输入用户名、密码等重要信息。就这样，这些信息就到了那些人的手里，然后他们就可以凭这些信息做更多坏事了。

　　对了，千万不要小瞧这些人，他们可都是些对计算机和网络技术非常精通的高手，只不过这些人没把能力用在正道上，反而用来做坏事。这些人就是我们所说的"黑客"。其实"黑客"在最开始时是一个褒义词，用来形容热忠于电脑技术、水平高超的计算机专家。就像现实世界中的小偷和警察一样，后来这些专家有些变成了坏人，而有些就致力于捉拿这些坏人，为了准确地区分这两类水平都很高的计算机高手，人们送给他们两顶帽子，并以帽子来命名，把做坏事的人叫作"黑帽子黑客"，而把正义的、专门研究安全防范和捉拿黑帽子黑客的高手们称作"白帽子黑客"。

为了对付那些"黑帽子黑客"的各种恶意行为，"白帽子黑客"们也研究出了很多工具和技术，用于阻挡和及时发现那些"黑帽子黑客"的破坏行为。

1.5.1　验明正身

在现实世界里，如果我们要把一份很重要或很值钱的东西交给另外一个人，或者要从另外一个人那里获取一份非常重要的信息，例如，对方是张三，那么我们首先要确认和我们打交道的那个人就是张三本人，这样这次行动才能成功。

在网络上也是这个道理，例如，我们要登录网上银行的网站去给一个朋友汇款，首先要确认所登录的确确实实是银行的正规网站，这样我们非常重要的用户名和密码等信息就不会被坏人窃取了。

确认一个人的身份，可以通过检查他的身份证、长相、指纹、声音、电话号码等各种方法进行，那如何确认一个网站的"身份"呢？

为此，科学家们把浏览器和网站之间交谈的语言——对，就是前面说的HTTP——进行了升级改造，换成了"安全的 HTTP"，又称 HTTPS（增加的这个字母 s 就是英文单词 secure 的首字母）。大家在上网时仔细看看浏览器的地址栏，如图 1-16 所示，你就会发现很多网站，尤其是淘宝、京东等购物网站和银行的网站，地址的开头都是 https://，并且为了更便于大家辨认，还在前面显示一把小锁。只要有这把小锁，我们就可以确信这个网站是正规的了。

图 1-16　访问安全的正规网站时会看到一把小锁

1.5.2　秘密通信

前面说的 HTTPS，就是浏览器和服务器交流用的新的更安全的"语言"，它的作用可不仅仅是验明正身，在对付坏人的窃听方面也是一个很好的手段。这个安全还体现在验明正身后的整个对话过程中，就是浏览器和服务器双方相互传递的信息都经过了加密，也就是从大家都能看得懂的"明文"转变为只有这个浏览器和这个服务器能看懂的"密文"，别人即使从中间的线路上截获这些数据，就像图 1-17 中那个家伙一样，但由于这些数据都是加密的，所以他根本就看不懂。就好像我们站在旁边看两个印第安土著人聊天，虽然他们说的话我们都听到了且听得很清楚，但由于我们没掌握他们之间所用的语言，所以也没办法知道他们聊天的具体内容。

图 1-17　秘密通信是对付窃听的有效手段

小·阅读

蒂姆·伯纳斯·李小传

1955 年 6 月 8 日，蒂姆·伯纳斯·李出生于英国伦敦，他的父母都是曾参与了英国第一台商用计算机研制工作的英国计算机界名人。1984 年进入 CERN 工作。1990 年，开发出了世界上第一个 Web 服务器和第一个网页浏览器。后来相继制定了 Web 的多项技术规范，并在美国麻省理工学院成立了非营利性互联网组织 W3C（万维网联盟），一直致力于互联网技术的研究。

他发明创造了 WWW 万维网，但他并没有申请专利，而是免费向全人类开放，世界也因此进入了大网络时代，整个人类的生活面貌都得到了巨大的改变。由于这一伟大功绩，蒂姆·伯纳斯·李在 2004 年被英国女王授予大英帝国爵级司令勋章。

　　在网景公司的浏览器出来之前，研究伙伴曾和他讨论成立 Websoft 公司，但他觉得公司竞争会影响万维网的发展，所以放弃了。如果当年他真的成立 Websoft 公司，很多人相信他的名气和财富一定会超过比尔·盖茨。而到现在，比尔·盖茨可谓世人皆知，并且借助于万维网而成为亿万富翁的人也比比皆是，而作为业界公认的"互联网之父"，蒂姆·伯纳斯·李在普通民众心里依然是籍籍无名。

　　蒂姆·伯纳斯·李曾经说过，他最爱的不是互联网，而是人类。

第 2 章

中小学生也可以自己搭建网站

在第 1 章，我们了解了网站也是计算机，只不过是提供信息服务供浏览器浏览访问的计算机而已。另外，我们在第 1 章还了解了浏览器和服务器之间沟通的方式，以及初步的网络安全知识。

在接下来的这一章里，我们就要学习搭建网站的知识了，并且要正儿八经地坐在计算机前，亲自动手搭建起一个网站！当然，在这个过程中，大家还将学习一些关于网站功能方面的知识。

不要被图 2-1 吓到，其实才没有这么辛苦呢！不过在这个过程中，我们确实会学到很多有用的东西。

图 2-1　我们要正儿八经地搭建一个网站

2.1　网站就是 Web 服务器

通过第 1 章，我们知道网站就是某种计算机，其上安装了一些专门的软件用于提供信息浏览服务，所以这种设备就被称作服务器（Server），简而言之就是提供服务的机器。这种供浏览器访问并根据浏览器的请求提供信息的服务，就被称作 Web 服务。而那些专门的软件，一般就被称作 Web 服务器软件。另外，大家知道浏览器和服务器之间沟通的语言是 HTTP，这个 Web 服务器软件就是负责使用 HTTP 语言和浏览器进行沟通的。

另外，在第 1 章我们还了解了这种浏览器和服务器配合的机制叫作 C/S 架构，也就是客户端 / 服务器架构，作为客户端的浏览器用 HTTP 语言向服务器发出请求，服务器收到请求后也用 HTTP 语言进行响应，服务器上的这个任务的执行者，就是我们说的 Web 服务器软件。说到这儿，就不难想到一个问题：那没有浏览器请求的时候，这个服务器软件做什么呢？答案也很简单，就是什么都不做，只是等着有浏览器用 HTTP 语言上来呼叫。形象一点儿的说法，就是竖着耳朵听着，一旦有人叫自己就可以快速响应。实际上，在专业领域，这种服务器软件在空闲时的状态就是用的 listening 这个词。在计算机软件方面，这种没事时等着客户端来呼叫、有客户端来呼叫时就向客户端提供响应的软件功能，被称作守护者进程，英文是 daemon。这个词的本义就是守护神。由于 Web 服务器软件是接受 HTTP 语言呼叫的守护者进程，所以还有一个名字就是 httpd，即 HTTP daemon 的缩写。

2.1.1　Web 服务器硬件基础

我们在第 1 章曾经提到过用作 Web 服务器的计算机硬件是各种各样的，大家还记得那个充电宝吗？里面小小的几个芯片就组成了一个完整的计算机，上面运行着一个操作系统和一个 Web 服务器软件，所以也就成了一台 Web 服务器。

那么大的呢？有可能是由上千台售价昂贵、耗电惊人、又非常娇嫩的服务器（娇嫩到只能待在恒温、恒湿的空调房里，否则就罢工）才能组成一个网站，如图 2-2 所示。这样的一台服务器，其价格可能就等于几十台甚至几百台我们常见的最贵的笔记本电脑的价格。

图 2-2　售价昂贵、耗电惊人、又非常娇嫩的服务器（图片来自网络）

那么既然一个小小的充电宝就能成为一个网站，为什么还会有人非要用那么多昂贵的服务器来建网站呢？

这是因为每一个网站面临的要求不一样，其中最关键的，就是可以支撑的访问量。我们知道网站是服务器，是提供信息浏览服务的，就像食堂是给我们提供餐饮服务一个道理，如果这个食堂只有几个人来吃饭，那么一个厨师、一个小厨房就可以满足需求；如果这个食堂有几百甚至上千人来吃饭，那么无论是厨师的数量、厨房的面积、各种配套设备等就要多得多，要求也要高得多了。

那种在一个小小的充电宝上运行的网站，一个人或者两三个人同时访问是没问题的，但如果十几个人甚至几十个人同时访问，它就吃不消了，要么是大家都要经历痛苦漫长的等待，要么充电宝发热死机。而那些有着几百台上千台服务器的网站呢，却可以轻轻松松地同时接待成千上万个用户的访问，如淘宝、百度等。

除了需要硬件强大之外，毫无疑问，用作网站的计算机肯定要联网，否则也没办法用浏览器访问它。当然，如果只有自己从本机访问（刚开始建的网站，初步测试阶段），那么没有网络也可以。

一般情况下，我们平常用的计算机（包括笔记本电脑），安装一个 Web 服务器软件后就可以摇身一变，成为一个 Web 服务器，从而轻松支持十几个人到几十个人同时访问，当然访问者的计算机和被访问的计算机之间需要有网络连接才行。对于现在学习网站知识的我们来说，这种方法无疑是最方便的。

另外，这种服务类的软件一般对内存的要求都比较高，尤其是同时访问的用户越多，对内存要求越高。所以如果要在自己的计算机上架设 Web 服务器，推荐把内存容量提高到至少 8GB（现在内存价格也比较便宜），这样不但 Web 服务软件可以运行流畅，整个计算机都会更好用。

2.1.2　Web 服务器软件基础

有了合适的计算机，一个运行良好的 Web 服务器对软件也有些要求，尤其是作为 Web 服务软件运行基础的操作系统软件。大部分人平常用得最多的操作系统就是微软公司出品的 Windows 操作系统，现在的主流版本是 Windows 10，如果你的电脑使用的还是 Windows 7 甚至 Windows XP，那么强烈建议你尽快升级成 Windows 10！

现在 99% 以上的计算机使用的 CPU（中央处理器）都是 64 位的，所以需要注意尽量选用 64 位的操作系统版本。32 位的操作系统已经是历史产品，其最大的缺陷就是最多只能支持 4GB 内存，如果还坚持使用 32 位操作系统的话，哪怕你安装了 16GB 内存，电脑实际使用到的也不到 4GB，不但是个浪费，而且系统运行的速度也很不理想。

对于高年级的同学，如果对计算机技术方面有着强烈的兴趣，那么就推荐使用 Linux 操作系统或者苹果公司的计算机 + 苹果操作系统 Mac OS，这两个操作系统在运行效率，尤其是在服务器和工作站领域，比 Windows 更有优势。

Linux 是一个免费的、高效的操作系统，其标志就是一只可爱的企鹅，如图 2-3 所示。全世界互联网上的网站服务器，使用最多的操作系统就是 Linux。

除了选对操作系统版本之外，在软件方面还需要注意一点：不是必要的软件尽量不要安装，尤其是不要在后台运行。往往系统里安装的软件越多，计算机就会越难用，有时候还会出现一些稀奇古怪的问题。

图 2-3　Linux 操作系统的吉祥物是一只可爱的企鹅

2.1.3　Web 服务软件

Web 服务软件就是专门负责使用 HTTP 语言与来访的浏览器进行沟通，具体来说就是响应浏览器发来的各种请求。这种软件在启动后，除了最开始的准备工作外，它什么都不做，只是在静静地等待（就是 listening），一旦有浏览器发来请求，它就会根据浏览器的请求去寻找和准备响应的资源，然后发给浏览器。

具有这个功能的软件有很多，其中最著名的，除了在第 1 章提到的 Apache 之外，还有同样也是开源并且很受欢迎的 Nginx 和微软公司出品的 IIS（Internet Information Server，互联网信息服务器）等。根据世界著名的专门进行 Web 技术调查的网站 w3techs.com 的统计数据（2019 年 11 月），全世界有 43.4% 的网站使用的是 Apache，如图 2-4 所示。

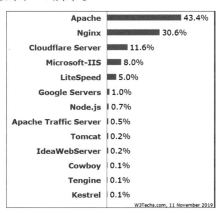

图 2-4　w3techs.com 统计数据：全球 Web 服务软件占比

现在很多网站的功能也比以前丰富了很多，例如，最近几年非常热门的视频直播、前几年就很流行的论坛等，要实现这些功能，除了基本的 Web 服务软件（如 Apache 或 Nginx）之外，还需要其他软件的配合，如数据库软件等。感兴趣的同学可以自己了解、学习。

2.2　搭建一个网站最快捷的方法

耐着性子听到这儿，小白早就忍不住要动手了，他没等清青老师发话，就按耐不住地打开了计算机，要赶快在自己的计算机上搭建自己有生以来的第一个网站。

其实小白的动作清青老师早看在眼里，她笑了笑说："好，接下来请每位同学都打开自己的计算机，我们要用一种最方便、快捷的方法，在自己的计算机上搭建一个网站。"

针对我们使用最多的 Windows 操作系统，只需要按照下面的步骤一步步操作，用不了几分钟，一个网站就可以搭建好。当然，这个网站的内容和功能还只是最基本的，后面我们将逐步学习如何增加内容。

2.2.1　Windows 自带的 Web 服务器

由于 Windows 操作系统包含了微软公司的 Web 服务软件 IIS，所以最快捷的方法当然就是使用它了。当然，大部分家用计算机默认是没有安装这个软件的，所以我们先通过几个简单的步骤把它安装上，然后验证一下它的功能能是否正常。

第一步，打开"控制面板"。

第二步，如图 2-5 所示，根据控制面板的"查看方式"，选择单击正确的图标。

如果"查看方式"是"类别"，就找到"程序"图标，并单击"程序"二字，注意不要单击"卸载程序"。

图 2-5　"控制面板"中"查看方式"为"类别"时的操作步骤

然后单击"打开或关闭 Windows 功能",如图 2-6 所示。

图 2-6　单击"打开或关闭 Windows 功能"

如果控制面板的"查看方式"是"大图标"或"小图标",那么接下来可以有两个选择。

- 单击"大图标"或"小图标"(如图 2-7 所示),然后选择"类别",把控制面板的"查看方式"改成"类别",再按上面的步骤操作。
- 找到并单击"程序和功能"(如图 2-7 所示),然后从左侧找到并单击"打开或关闭 Windows 功能",如图 2-8 所示。

图 2-7　控制面板的"查看方式"是"小图标"

图 2-8　在窗口左侧找到并单击"打开或关闭 Windows 功能"

　　第三步，如果提示输入密码，输入即可。然后就会打开一个叫"Windows 功能"的小窗口，在中间找到"Internet 信息服务"（如图 2-9 所示，也有可能是 Internet Information Services 这几个英文单词），如果其为未勾选状态，就表示没有安装；如果为勾选状态，就表示这个类别下所有的软件都安装好了；如果其显示为实心的蓝色小号方块（如下面的 Microsoft .NET Framework 前面那个），表示这个类别下只安装了一部分软件。

　　第四步，单击"Internet 信息服务"前面的加号，这个类别就会被展开，加号就自动变成了减号，然后单击"万维网服务"前面的方块，方块中间就会增加一个蓝色实心小方块，单击下面的"确定"按钮，很快就可以装好了，如图 2-10 所示。

　　其实到这儿就已经完成安装了，接下来我们再多花一点儿时间，验证一下网站是否真的已经可以正常运行了。

图 2-9 "Windows 功能"小窗口　　　图 2-10　选择"万维网服务"后单击

"确定"按钮

第五步，打开浏览器（哪一种都行），在地址栏里输入"localhost"，然后按 Enter 键。

如果看到类似图 2-11 或图 2-12 所示的页面（IIS 后面也有可能是 6、8 或其他数字），那么恭喜你，你的网站已经搭建完成并已经正常运行！

图 2-11　万维网服务安装好之后的简单验证

Windows 操作系统的版本不同，IIS 软件的版本和默认的页面也会有所不同。这里我们要记住一个概念——主页，主页就是浏览器访问一台服务器默认会显示的页面。可以发现,不同版本的 IIS 服务软件带来的默认主页都不太一样。

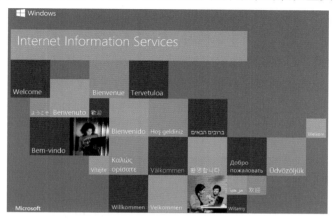

图 2-12　Windows 10 中的万维网服务会显示这个画面

这时,喜欢思考的小白又忍不住问了:"老师,老师,localhost 是什么? 我怎么看着像'本地主机'的意思?"。

没错! localhost 这个词就是本地主机的意思,简称本机。我们是在自己的计算机上安装 Web 服务程序,然后又在同一台计算机上用浏览器访问进行验证,所以就可以用这个名称,哪怕你的讲算机没有联网都没关系。

小白脑子里的问题又忍不住蹦出来了:"老师,老师,那如果想用另外一台计算机访问我刚才建设的服务器,又该怎么操作呢?"

老师都喜欢勤于思考的同学,清青老师也因为小白的思考和好学感到非常高兴:"这又是一个非常好的问题! 我们学习任何知识,都需要有小白这种主动思考的精神。那么接下来,我再给大家解释一下通过网络访问另一台计算机上的 Web 服务是如何做到的。"

平时我们上网时,在浏览器的地址栏中会输入目标网站的名称,就像 www.tsinghua.edu.cn(清华大学)这样的,当然也有可能没有输入而是用收藏夹或者搜索引擎提供的地址。这种使人比较容易识别和记忆的服务器名称的表达方式,叫作"域名"。和很多网络要素一样,域名也是由专门的专业机构进行管理的,如果我们要为自己的网站也起一个类似的名字,就需要找专门的机构去申请注册自己的域名。

计算机连上网之后,就会拥有一个地址,别的计算机就可以用这个地址来连接和访问它。那该如何知道自己计算机的网络地址呢?

按 Win+R 快捷键,这时会看到屏幕上出现了一个新的小窗口,好,现在从键盘上把手指松开吧。接下来,输入 "cmd" 3 个字母,然后按 Enter 键,就会弹出另一个新窗口,在这个窗口里输入 "ipconfig",这后按 Enter 键,这个命令的作用就是显示本机的网络信息。在输出的内容里我们找到 "IPv4 地址" 这一行最后的 4 个用点连起来的数字,如图 2-13 中的 "10.211.55.4",表示的就是这台计算机的网络地址。

图 2-13　查看计算机的网络地址

然后,我们在另外一台计算机上(当然,这两台计算机之间的网络必须是连通的)打开浏览器,输入刚才找到的 "10.211.55.4" 这一串数字并按 Enter 键,看!我们又一次打开了刚刚建立好的这个网站,如图 2-14 所示。

现在,你的第一个网站已经成功地运行了,看起来虽然说不上很漂亮,但也不难看。不管是哪个版本的 IIS,其自带的默认主页从图片、配色、字体、排版等看起来都还过得去。

功能上呢,确实非常的简单,除了显示 "欢迎" 之外,单击哪儿都会跑到微软公司的网站上去,这种鼠标放在上面就会变成小手、一单击就会跳转的技术,就是所谓的 "超链接"。

小白又按捺不住了:"可是,这并不是我想要的网站啊!"

是啊,我们想要的网站,至少内容是我们希望它展示的内容,包括那些超链接，也要是我们自己设计的才行。在后面的章节中，我们将分别从不同的方面了解如何建立真正属于我们自己的网站。

图 2-14 通过网络地址从另一台计算机访问新建的服务器

注：从另外一台计算机访问，可能会碰到被防火墙拦截的问题。这时就需要修改防火墙配置，允许入站的 80 端口请求。这里我们就不展开讨论了。

2.2.2 安装一个更好的 Web 服务器一点儿也不难

前面说过，现在的 Web 服务软件有很多种，其中比较著名、比较好用、使用也比较多的有 Apache、Nginx、IIS 等。作为 Windows 操作系统自带的 Web 服务软件，IIS 的安装无疑是最方便、最省事的，连下载都不用，随时就可以安装，安装后不用配置就可以使用。

但是 IIS 的功能毕竟有限，而更好用的、使用也更多的 Apache 和 Nginx 的安装和配置要稍微复杂一些。不过，作为学习目的而不是搭建专业的服务器，我们可以从网上下载安装已有的集成包软件，如 PHPStudy、WampServer、XAMPP Server 等，不但集成了网站服务器常用的其他配套软件，而且基本上不需要复杂的配置，安装后就可以使用，并且还可以方便地切换不同版本。感兴趣的同学可以先自行从网上搜索、学习，在本书的后半部分，我们也将以 PHPStudy 为例，尝试学习更为高级的网站技术。

2.3 网站的美观性很重要

虽然我们都说，人的心灵美比外在美更重要。但是，谁都不能否认，没有人不愿意自己长得更帅气、更漂亮（如图 2-15 所示）。人是如此，网站也是如此，大家都喜欢浏览好看、美观的网站，也都希望自己搭建的网站更好看、更美观。

图 2-15　邋遢鬼 vs 大帅哥

那么对于网站来说，怎样才是好看、美观的呢？是否有一些通用的标准来衡量网站的美观与否呢？和人一样，网站美的标准也不是一成不变的，但有些标准是被大部分人所认可的。

比如对于颜色的使用和搭配，很多同学都听过一句俏皮话："红配蓝、狗都嫌"，服装设计师们很少会用大块的红色和蓝色进行搭配，网站也一样。

再比如文字的大小、排版、间距，文字与图片的搭配，音效或背景音乐的选择等，也都形成了一些大家公认的标准。举两个简单的例子：大段密密麻麻的小字，谁看着都会皱眉头；而一个屏幕上就放了两个傻大黑粗的字，同样也不招人喜欢。

图 2-16 所示就是一个比较有名的很不漂亮的网站，这样的网站你会喜欢吗？当然不会。

图 2-16　一个很不漂亮的网站

2.4　麻雀虽小，五脏俱全

和世界上其他的事物一样，网站也有大有小。大网站可能会用到上千台昂贵的专业服务器，并且有成千上万的专业人员为这个网站的运行而努力工作。那么小的呢，则可以小到一个小小的充电宝、路由器、手机等。当然，我们在自己的计算机上建立起来的这个网站也是很小的，不过别看它小，还真不能小瞧它。那些大型网站所用到的知识和技术、所具有的功能，绝大部分在我们这个小网站上都用得到、都能实现。

每一个从事网站技术的专业人员，都是从搭建小网站开始学起的。在学习过程中，由于对技术的掌握还不够熟练，直接用大型网站练手肯定不行，万一出错就容易导致严重的后果，而用小网站却没关系。

2.4.1　网站的功能

学到这儿，我们先停下来，仔细地想一想:网站最基本的功能（或者说作用）

是什么？

你的答案是什么呢？

很简单，网站最基本的功能就是信息发布。把要发布的信息内容准备好并放在网站上，谁需要就来网站访问、获取我们准备好的信息。

其实这就是俗称的 Web1.0，就像图 2-17 所解释的那样，这里只有简单的"网站 – 人"的关系。用户（"人"）作为浏览者，只能单向地从网站获取信息，网站制作者制作的内容是什么，我们就只能看到什么。比较典型的 Web1.0 网站就是一些简单的个人网站、大英百科全书、一些简单的企业网站、早年的门户网站（如搜狐）等，这个时代的特点就是"内容为王"，内容做得好，大家就关注。

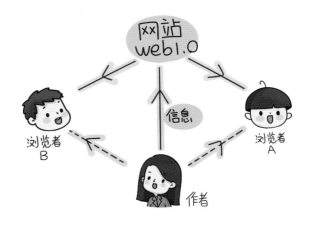

图 2-17　Web1.0 时代，内容为王

显然，只有信息发布功能实在是太简单了，随着网络和技术的发展，几年前就进入了所谓的 Web2.0 时代。如同图 2-18 所示的那样，与 Web1.0 相比，Web2.0 新的变化就是强调"人—人"的关系。网站上的内容不再单纯地依赖网站制作人员，而是用户（浏览者）都可以变成内容的提供者，所有的用户根据用户之间的关系和每个用户提供的内容自然而然地进行"物以类聚，人以群分"，人和人之间的关系也就在网上得到了反映和发展。比较典型的就是现在很常见的微博、论坛等网站。有人总结这个时代的特点为"关系为王"。

历史的车轮滚滚向前不可阻拦，网络同样也在不断发展。现在，又出现了Web3.0 的概念，指的是将一切进行互联，例如现在很火的物联网、智能家居、人工智能等，各种各样的东西都可以借助传感器技术连接到互联网，给人们提供更大的便利和更丰富的体验。

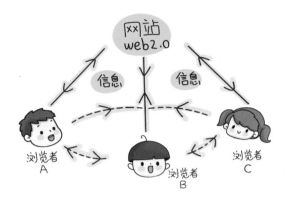

图 2-18　Web2.0 时代，关系为王

2.4.2　横看成岭侧成峰

看到这个小节的标题，大家都知道这是大文豪苏轼在描写庐山变化多姿、丘壑纵横、峰峦叠起的瑰丽景色时用的句子，接下来是"远近高低各不同"，字面意义就是从不同的角度和位置看到的庐山景色都不一样，实际上，苏轼也在教导我们，观察事物要客观全面。

人们浏览网站也一样，首先远近有区别。当然，这个远近不仅仅包含地理上的距离这一层含义，更主要是指浏览者和网站之间的网络状况。例如，我们在北京，访问北京的网站（像清华大学的网站），快速流畅；如果要访问一个位于非洲肯尼亚的网站，肯定要等更长的时间才能看到内容；如果一打开这个网站就是一幅巨大的图片，估计很多人就会等得不耐烦而干脆不看了。

所以，称职的网站制作者们，都会考虑网络状况不太好的用户的体验，尽量减少用户在访问自己网站时的加载时间，避免用户因为长时间等待而放弃。

除了网络条件有好有坏，人们用于访问网站的设备也不一样。以前只有计算机，屏幕大，还有鼠标；现在除了计算机，更多的时候大家都是用手机、Pad这些所谓的智能设备访问网站。那么作为网站的制作者，就必须考虑每种设备在访问自己的网站时带给用户的不同的观感，针对各种设备优化自己的网站页面并自动识别匹配用户的设备，这样才能带给用户最佳的体验。例如图 2-19 所示就是使用计算机访问搜狐网站看到的样子，而图 2-20 所示则是同一时间使用手机访问搜狐网站看到的样子。

图 2-19　用计算机访问搜狐网站

图 2-20　在同一时间用手机访问同一个网站

2.4.3　一个好汉三个帮

前面我们学到，一个网站的基本功能是由计算机上的 Web 服务软件提供的，并且在自己的计算机上安装了微软公司的 Web 服务软件 IIS，当然这只是基本的功能。互联网早已进入了丰富多彩的 Web2.0 时代，诸多的网站功能如微博、论坛等单靠 Web 服务软件自己就难以实现了。所以，随着网络的发展，出现了很多为网站的不同功能提供支持的多种软件，也有原来和 Web 技术关联不大而后来各个网站却离不开的软件技术。其中最重要的，就数脚本语言和数据库这两个了。

例如微博网站，每个人登录后看到的内容都不一样，这可不是网站作者专门为每个人制作了不同的页面，而是由服务器上的脚本语言根据不同的访问者自动生成的。自动生成这些不同内容的页面所需要的原始信息，就是靠数据库软件的支持，平时保存在数据库中，需要时随时调出。

随着网站访问人数的增多，Web 服务、数据库、脚本语言等这些功能的任务也都会变得更为艰巨，所以大型网站都会把这些任务分配给不同的服务器来承担。

虽然我们看到的都是同一个网址，但是其背后的功能往往是由很多台不同的服务器、不同的软件通力合作才能达成的，如图 2-21 所示。所以，"一个好汉三个帮"这句话，在网站的世界中简直是颠扑不破的真理。

这种根据任务设计多个服务器、多种软件来共同完成的技术，统称为"架构"，那些精于此道的专业人员也被大家尊称为"架构师"。

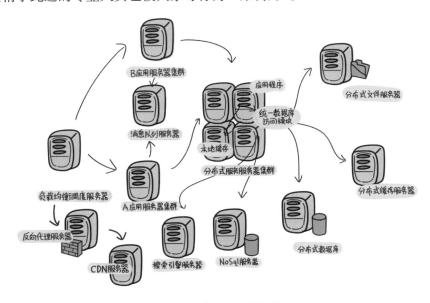

图 2-21 典型的网站架构

2.4.4　网站虽小，功能却很强大

网站有大有小，网站的大小取决于网站的用途，其中最关键的就是同时承受的访问量。作为我们学习网络技术、操作练习、动手实践用途的网站，显然不需要有多大，因为这个网站不需要、也不会有很多人来访问，基本上任意一台计算机就可以。

虽然从硬件规模上来说这个网站很小，但一般网站所用到的大部分技术，我们都可以让这个小小的网站用上，包括网页的制作、数据库应用、服务器端的编程、博客、论坛、甚至购物等，都可以在这个小小的网站上实现。所以从功能的角度来说，这个小网站也可以很强大，一点儿都不比那些大网站逊色。

从第 3 章开始，我们就要动起手来，一边学习网站相关的知识，一边把这个小网站建设得页面更漂亮、功能更强大、内容更丰富。

2.5　其实网站也是个潜水艇

就这样，这一章又快结束了。我们先不着急往下学习技术知识，而是先了解一下很多专家喜欢用的比喻：潜水艇。

潜水艇，又叫潜艇。很多喜欢军事的同学都很熟悉，除了偶尔漂浮在水面，潜艇的大部分时间尤其是在战斗状态下，都会潜入汪洋大海之中。这时潜艇完全被海水所包围，上下左右前后，除了海水就是海水（见图 2-22）。

图 2-22　潜艇身处汪洋大海之中

2.5.1　网络是汪洋大海

网络也是汪洋大海，是由各种计算机（路由器、机顶盒、网络摄像头等凡是联网的设备，本质上也都是计算机）、各种人组成的汪洋大海。每台计算机虽

然对外的连接通道只是一条或少量的几条网线（还有无线、光纤等），但是可以连接到这台计算机的其他设备的数量和人的数量却是难以计数的，所以从这个角度去想象，一台计算机只要连接到了互联网，就如同潜水艇置身于汪洋大海，进入了互联网这个计算机和人的海洋中，谁也无法完全预测什么时间会有什么人用什么设备从什么地方连接过来，他们要做什么。

2.5.2 潜水艇的安全很重要

潜水艇的安全当然重要，里面是保家卫国的将士，当然需要安全。

我们说的是网络，只是拿这个潜水艇作为一个模型，来理解计算机网络与潜水艇类似的安全理念。潜水艇处于汪洋大海之中，除了要承受海水带来的巨大压力和水流造成的冲击，还要承受海水中其他生物、物体、甚至敌方武器的攻击。并且潜水艇的功用决定了它又不可能绝对封闭，要发射鱼雷就要有向大海开口的发射管道，要在大海中航行、上浮下潜，就需要有海水进出的通道等。

同样，我们的计算机要联网，尤其是网站的服务器，更是要长时间保持网络连接，同时也要对外开放网络端口，就如同海洋深处的潜水艇上的各种口子一样，这些网络端口也会面临来自网络的各种风险和压力。例如，如果一个不大的网站突然有几十万甚至上百万计算机（人）来连接，最可能的结果就是网站在短时间内陷入瘫痪。而其他的各种病毒、恶意软件、黑客攻击等更是防不胜防。

所以，我们在搭建网站时，应该像潜水艇一样，安全防范措施必不可少，安全防范意识更要时刻不忘。

Apache 这个名字的另一个解释

在 Apache 之前，大家广泛使用的是 NCSA（美国国家超级计算应用中心）开发的 httpd 这个 Web 服务器软件。后来 NCSA 的 httpd 项目停止后，那些使用这个软件的人们不得不开始互相交换用于此服务器的补丁，这就是 Apache 名称的一个由来：Apache、A patch、一个补丁。

第 3 章

让我们的网站更美观

在第 2 章的学习过程中，我们通过简单的操作，在自己的计算机上搭建了一个简单的网站，这个网站只有一个简单的页面，就是一幅图，虽然可以单击，但单击之后就进入了微软公司的网站。显然，这并不是我们想要的。

接下来我们继续学习。首先把网站内容变得更丰富，这就要学习一些制作网站的知识，没错，就是你听说过的 HTML 语言。同时，我们还要关注一些小技巧，使做出来的网站看起来更美观。如果以后网站上的内容多了，又想有一种方法快速地改变所有内容的显示风格，也可以在这一章里找到答案——CSS 层叠样式表（见图 3-1）。

图 3-1　本章我们要学习 HTML 和 CSS

3.1 网站内容的根基

首先我们思考一个小问题：在网站的内容中，最基本的是什么？

没错！就是文字。虽然与图片、声音、视频、动画等表达形式相比，文字不够生动，但却是最重要、最基本的。并且，当要表达比较复杂、比较深刻的含义时，文字的表达力往往也是最强的。

另外，由于很多地方网络条件并不好，大量的图片（尤其是巨大图片）、声音、视频在传输过程中耗时太长，并且大多时候很多人并没有耐心把声音或视频完整地听完看完，而文字不但对网络传输条件要求最低，可以最快地传递给目标用户，并且阅读者可以在最短的时间里最大限度地获取作者所要表达的真正含义。

或多或少的文字放在一起，在计算机领域经常被称作"文本"，就是英语中的 text 这个词。而我们要学习的网站其实就是围绕着"文本"建立起来的。

3.1.1 文本与超文本

文字内容在计算机网络领域被称作文本，这一点很容易理解。而在这个领域还有一个很常见的词，叫"超文本"，这又是什么呢？

前面我们说过，浏览器和 Web 服务器之间的交流沟通靠的是 HTTP 这门"语言"。浏览器的作用大家都知道，就是向我们呈现从 Web 服务器获取的信息，而网站的制作者，为了能够让自己要表达的内容正确地传递给浏览的人，也必须通过服务器上的资源告诉浏览者的浏览器怎么向浏览的人展示那些想要展示的内容。这种人类和浏览器之间的沟通，也需要一门语言。而这门语言也是利用文本这种最简洁、最方便的形式打造的，这种被赋予了特殊使命的文本，就被称为"超文本"。而这个所谓的"超"字，主要是通过一些有特殊含义的"标记"来实现的。这样就有了这门语言的完整的名字，那就是"超文本标记语言"，英文是 HyperText Markup Language，缩写就是 HTML。

有没有觉得这几个字母很熟悉？

没错！我们平常上网的时候，经常看到浏览器的地址栏里有这些字母，并且往往都出现在最后，例如用浏览器打开清华大学的网站时便可以看到，如图 3-2 所示。

图 3-2　浏览器地址栏里的 html

地址栏里这行信息的意思就是：浏览器正在向我们呈现的是从清华大学这台服务器 www.tsinghua.edu.cn 中的"/publish/newthu/"目录里得到的名字为"index.html"的资源。这个资源名称的后缀"html"就表示这个资源是用HTML 语言编写的，浏览器得到这个资源后，就知道应该怎样把它的内容正确地展示给我们。

既然这个 html 是超文本标记语言的意思，那和文本又是什么关系呢？

这个资源在浏览器里看到的样子是它本来的样子吗？

接下来我们做个小实验。

第一步，按 Ctrl+S 快捷键，弹出一个对话框（见图 3-3），这个对话框的作用就是把这个网页以文件的形式保存到我们的计算机上。接下来将下面的"保存类型"设置为"网页，仅 HTML（*.htm;*.html）"，然后看一下保存的目录（也可以改成其他目录，记住就行），最后单击"保存"按钮。

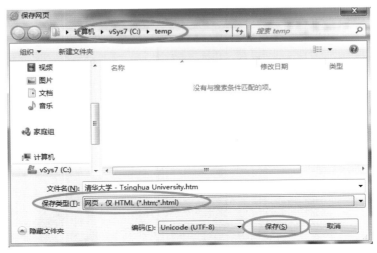

图 3-3　保存网页文件

第二步，关闭浏览器，打开"文件浏览器"。

——什么，什么？你不知道啥是文件浏览器？那"我的电脑"或者"计算机"你总知道吧？

——老师，老师，我怎么会知道您的电脑呢？

当然，这只是一个小笑话。我们的小白同学虽然名字叫小白，计算机方面的基本功还是有的，这种基本的计算机操作基础完全没问题，要不然也不会来学习网站的知识了。从 Windows 7 开始，微软便不再使用"我的电脑"这个容易产生笑话的名字，改成了简单明了的"计算机"，这些小白也都很清楚。

找到刚才保存的目录，刚才保存的 htm 文件就在这儿，如图 3-4 所示。

图 3-4　刚才保存的 htm 文件

然后用鼠标选中这个文件，单击鼠标右键，在"打开方式"子菜单中选择"记事本"，这个"记事本"是最简单也是最常用的打开文本文件的程序。

第三步，图 3-5 所示就是这个 htm 文件的原始内容，也可以叫源码。你是不是也像小白一样，看着这密密麻麻、奇形怪状的文字感到头疼呢？

这是啥啊？密密麻麻的，看不懂啊！

看不懂没关系，等学习完这一章你就能看懂了，其实也很简单。

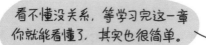

图 3-5　htm 文件的原始内容

除了把网页保存成 html 文件之外，还有一个更便捷的查看源码的方法，就是在浏览器里按 Ctrl+U 快捷键。你一定要试一下哦！

我们说过，这是一门叫作 HTML 的语言，而这个语言，就是专门为浏览器准备的，浏览器看得懂，并且是完全遵照这个语言的指示向我们展现网页内容的。

如果我们想让浏览器展现我们希望它展现的内容，也要用这门语言告诉它。方法就是用这种语言编辑一个文本文件，用 htm 或者 html 作为文件名后缀，浏览器就认识它了。对了，htm 和 html 的作用是一样的，一般情况下可以随便选，原来大家喜欢用 3 个字母，现在喜欢用更多字母的人越来越多了。

如果我们把这个 html 文件保存在 Web 服务器上，别人就可以用浏览器从我们的服务器上获取并显示这个文件了。

现实中，一个 Web 服务器上往往会有很多个这种 html 文件，不过其中有一个最特殊，就是用户在浏览器地址栏里只输入服务器名称而没有指定具体文件的时候，服务器默认向浏览器发送的那个文件，一般都是在 Web 服务器的根目录下（注意，不是计算机硬盘的根目录哦），名字一般为 index.htm 或 index.html，这个文件在浏览器显示的页面，一般被称为这个网站的"主页"。

对于我们前面在自己计算机上搭建的网站，它的根目录就是"C:\inetpub\wwwroot"，如图 3-6 所示。通过浏览器访问我们搭建的这个网站，从安全的角度着想，就应该只能看到这个目录里的内容，其他地方是不允许浏览器查看的。这也容易理解，否则的话，我们的计算机就等于彻底暴露啦！

图 3-6　IIS 的 Web 服务器根目录

在本章接下来的内容里，我们将重点学习 HTML 这门语言，并用这门语言开始装扮和充实我们的网站。

作为第一个练习，我们就在这个目录下新建一个文本文件，将名字改成 index.html，然后用"记事本"打开这个文件，将下面的内容输入进去，然后保存并退出"记事本"。

> **注意**
>
> 在这个目录下操作需要管理员权限，有较好计算机基础的你一定知道这是什么意思，该单击"同意"按钮的时候就单击"同意"按钮，该输入密码的时候就输入密码。

index.html 示例文件的内容如下。

```
<!DOCTYPE html>
<html>
<head>
<meta charset="utf-8">
```

```
<title> 我的第一个网页 </title>
</head>
<body>
    <h1> 这是我的第一个标题 </h1>
    <p> 这是我的第一个段落。</p>
</body>
</html>
```

然后打开浏览器，在地址栏里输入"localhost"。看，你亲手制作的第一个网页就这样面世啦，并且这还是这个网站的主页，如图 3-7 所示。

图 3-7　我们的第一个网页隆重登场

注意：一定要亲自动手试一下。千万不要以为很容易。事实上，在笔者见过的初学者中，一次就可以把这个简单的页面做好的人不超过 1%，甚至很多人要检查修改好几次才能做到完全正确。原因就是粗心，或者说大家还不知道自己容易犯什么错误。

绝大多数初学者容易犯的错误包含以下几类。

- 标点符号输入错误。最严重的就是用中文输入法输入了英文的标点符号。例如引号，在计算机语言中，英文的引号是有特殊的语法含义的，而中文的引号就只是一个字符而已。

- 英文字母认不清楚。这个说法有点儿夸张，不过太多的人把字母"l"输入成了数字"1"——是的，在很多地方它们看起来似乎一模一样，初学者经常搞不清楚到底是字母 l 还是数字 1，有经验者当然就不会犯这个错误了。

- 丢三落四。这个没得说，就是少输入了一些很重要的字母、标点符号等。

- 单词拼写错误。尤其是英语没学好的同学，由于对英文单词的拼写没有把握，看着 head 和 had 竟然发现不了任何区别！

- 看不清楚空格。英文的空格经常占的宽度很窄，初学者往往对空格视而不见，该输入空格的地方没有输入空格，从而造成语法错误。

本书后面所提到的大部分代码，都可以在附录 B 的服务器地址中找到。不过笔者还是建议大家尽量自己动手输入，这是很好的锻炼机会。

HTML 首先是一种语言，最后的 L（language）就表明了它的这个本质。我们既然要学习这门语言，就要先把它的名称弄明白。第一个字母 H 是 Hyper 的缩写，Hyper 的本意是"亢奋的、精力过剩的"，引申一下就是过度、超过的意思。比如飞机，超音速一般用 Supersonic，而比超音速还要快很多的高超音速，就用 Hypersonic 这个词。这里 Hyper 和 Text 放在一起，就是"远远超过普通的文本"的意思。第三个字母 M 是 Markup 的缩写，这个词的本义是"加价、利润"，在计算机领域，一般都使用它的引申含义，指具有额外特殊含义的标志，翻译成中文就是更准确易懂的"标记"这个词。

那么这个"标记"到底是什么意思呢？我们来看一个实际的例子，就是我们刚才做的那个网页文件（html 文件）。

第一行：<!DOCTYPE html>，这就是一个标记，表示这个文档的类型就是 html。

第二行：<html> 也是一个标记，意思是用 HTML 语言写作的内容正式开始。这个标记和最后第十一行的 </html> 组成一对，</html> 这个标记的意思就是 html 文档到此结束。

第三行：<head> 还是一个标记，准确地说，它和第六行的 </head> 是一对标记，这一对标记之间的内容，就是这个 html 文档的"头（head）"，有人也叫它"头部"。在这部分内容中一般还会放置一些其他标记（叫作标记嵌套），如第四行、第五行。

第四行：<meta charset="utf-8">，这个标记的意思是告诉浏览器这个 html 文档使用的字符编码是 UTF-8。如果没有这个标记，浏览器会自己猜测这个文档的编码，不幸的是经常会猜错，导致显示出来的根本不是人们能看懂的字符，对于这种现象，我们称之为"乱码"，如图 3-8 所示。有了这个标记，浏览器就不用自己瞎猜了。所以我们要养成好习惯，在 html 文档的头部加入这个标记。

第五行：<title> 我的第一个网页 </title>，开头和结尾的这一对标记表示这是这个文档的标题，里面的内容就会显示在这个页面的标签处或者浏览器窗口的标题位置。当然也可以修改"我的第一个网页"这几个字，然后在浏览器里看看改动之后的效果。

图 3-8 字符编码错误导致的乱码

第七行：<body>，它和第十行的 </body> 又构成了一对标记。"我知道，这是身体！"小白又抢着说道。没错，这对标记的意思就是这儿的内容就是这个 html 文档的"身体"，文档本身的内容都在"身体"里。例如这个 html 文档的第八行和第九行。

第八行：<h1> 这是我的第一个标题 </h1>，开头的 <h1> 和结尾的 </h1> 又是一对标记，表示这是一个一级标题。聪明的你一定想到了：那是不是还有二级标题、三级标题？没错，HTML 定义了 6 个级别的标题，分别是 h1 ~ h6——现在你一定知道了，这里的字母 h 后面跟的是阿拉伯数字 1，而不是英文字母 l。你可以试着再加一行，把前后标记里的数字改一改，看看效果如何。告诉你，这 6 个级别的标题，每一个级别默认的字体大小都不一样。当然，就像文章的标题一样，这个标题的内容也可以随便修改。

第九行：<p> 这是我的第一个段落。</p>，又是一对标记，p 就是英文里 paragraph（段落）的缩写。

好，这个文档里的标记我们都讲完了。你注意到了吗？ HTML 语言的大部分标记都是成对出现的，也都是以尖括号"<>"括起来的，一对标记之间存放相应的内容。另外再提醒大家，尖括号里面的内容可不能随便写，也不能写错，否则浏览器就不认识了。

我们换一个稍微不同的角度再回顾一下。

html 文档是由多个由尖括号"<>"标示的标记（对）组成的，每个标记（对）和标记（对）里面的内容就代表了组成这个 html 文档的一个"元素"。

我们再看一下这些元素，第一个出现的就是 <html>（第一行不算，那只是这个文档的总体说明）。一直到文档的结束，这个元素才结束，标志就

是 </html>。也就是说，整个 html 文档（对应的就是我们在浏览器上看到的网页）就是一个元素。这个元素里面又有一些元素，如 <head></head>、<body></body>。<head> 和 <body> 元素里面又各有一些元素，如 <title></title>、<p></p>、<h1></h1> 等，当然，还可以增加更多的元素，如图片等。

把这些元素用一张图组织起来，如图 3-9 所示，是不是像一棵树？不太像？

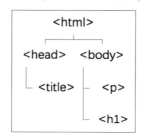

图 3-9　一个网页的所有元素可以组成一棵树

那我们再把它画成图 3-10 的样子，是不是更像一棵树了？

还觉得不像的话，那把书倒过来，这回像了吧？

图 3-10　html 文档的树形层次结构

这棵树的根就是 html 文档本身（标记就是 <html>），这棵大树的枝叶就是文档中的各个元素，如 <body> 这个枝上就有 <p> 和 <h1> 两片叶子。将树根、树干、树枝、树叶放在一起，我们自然而然就会想到它们之间是有层级关系的，最根本的就是树根，最末梢的就是树叶。

或者换一个比喻，这就是一级套一级的嵌套的盒子或方块（是不是有点儿像俄罗斯套娃？），如图 3-11 所示。

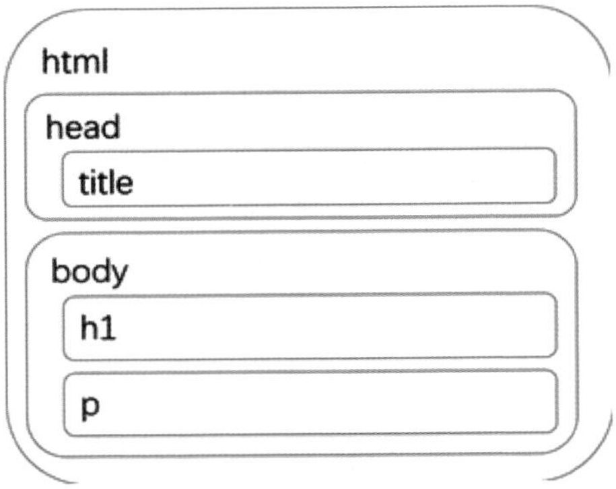

图 3-11　html 文档的层次结构

记住这些，就记住了 HTML 语言最重要的知识。后面，我们将陆续学习这门语言的各种标记和使用技巧。

现在再来说说"标记"的含义。HTML 是"超文本标记语言"的意思，这是一种"标记语言"，"标记"在这个语言里占据了最核心的地位，不夸张地说，在这门语言中，"标记"几乎决定着一切。

对于这一点，可能现在还不太理解，没关系，先记住，后面我们对它的认识和理解会越来越深刻。

3.1.2　工欲善其事，必先利其器

通过 3.1.1 节，我们学会了 HTML 语言的基础知识，也用这个语言制作了一个简单的网页。从本节开始，我们就要学习更多的 HTML 的知识和网页制作技巧。

"工欲善其事，必先利其器"这句话的意思大家都知道，同样，制作网页也需要一些好用的工具。像前面那样使用记事本虽然也可以编辑网页，但相对比较难用。

下面给大家介绍一个非常优秀、非常好用的编辑器，它的名字叫 Notepad++，含义就是比 Notepad 增加了很多让人喜欢的特点和功能。这个软件的官网是 notepad–plus–plus.org（见图 3-12），为什么要用这个名字？因为加号不是网站名字的合法字符。

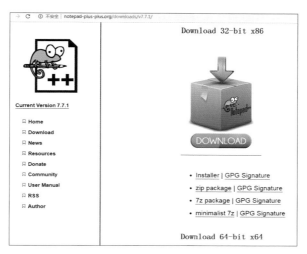

图 3-12　notepad++ 官方网站

打开这个网站的首页后，找到左侧最上面的 Current Version x.x.x 链接，这是当前的最新版本。点击这个链接，然后从右侧找到具体的下载链接，下载即可。推荐下载 Download 64–bit x64 下方的 Installer，下载好的文件是后缀名为 .exe 的可执行文件，直接双击运行，按照提示操作就可以了。

注意

　　由于这个软件经常更新，等你看到这本书的时候，版本号肯定和图中的不一样了，甚至这个网站的页面也有可能发生大的变化。没关系，只要是下载软件，找 Download 的链接便可以了。

安装好之后，用这个软件打开一个 htm 文件，如图 3-13 所示。

图 3-13　Notepad++ 的界面

怎么还会显示不同的颜色呢？是为了好看吗？

其实，这么做并非是为了好看，至少主要目的肯定不是。

这是一个非常受程序员欢迎的功能，名为"语法高亮"，也叫"语法着色"。就是用不同的颜色显示不同语法意义的符号和单词。当然，至于每个字符使用什么颜色，就要根据具体的语言来判断了。每种计算机语言都有明确的语法规则，有些单词有着语法意义上的特殊作用（被称作关键词），有些符号有时候也会有特殊含义。使用不同的颜色显示，看起来就会一目了然了。如果其中某个关键词拼写错误，从颜色上就可以很方便地区分出来。有了这样的工具，我们前面说的各种输入错误就很容易被察觉了，而且 Notepad++ 还可以智能地判断一个文件所用的语言。

大家再仔细看看、试试这个软件，除了前面说的非常受欢迎的语法着色功能外，你会发现它还可以同时打开很多文档进行编辑，可以显示每一行的行号，是不是很方便？其实这个软件还有很多优点，用久了就会知道。

好啦，我们有了一个非常好用的工具了。接下来就要学习如何使用 HTML 语言编写漂亮的网页了。

3.1.3　排列整齐并错落有致

我们为网站准备的各个页面，其上的文字、图片等需要排列整齐，并且要根据表达的需要在整齐的基础上做到错落有致，这是一个基本的美学要求。

在文本编辑器（即 Notepad++、"记事本"等程序）里查看我们前面制作的 htm 文档时，第 8 行和第 9 行前面都有几个空格。而在浏览器中打开这个文档时，这两行内容前面却并没有空格。这是怎么回事呢？

这又是编辑 htm 文档的时候需要注意的一个技巧，或者说是陷阱。

在文本编辑器中查看编辑原始内容（又叫源码或源代码）时，这些空格的作用是更方便制作者自己阅读。例如，这两行之所以要通过空格进行缩进，是因为它们都是 body 里面的内容、比 body 的级别更低，而第 7 行和第 10 行的标记（有时也叫标签）代表着 body 本身。

如果我们想在浏览器里让某行内容往后缩进，该怎么办呢？就是在 <h1></h1> 或 <p></p> 等成对的标签中间的文字内容部分添加空格。简单地添加空格是不行的，尤其是在一行的开头部分，试试在 <p> 标记后面添加几个空格，或在文字中间添加几个空格，甚至换行，保存后用浏览器打开看看。是不是像图 3-14 所示的，源码中多个连续的空格或换行并不会按照原样在浏览器中显示出来？

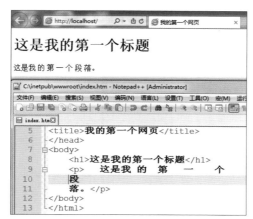

图 3-14　源码中的空格和换行在浏览器中不会原样显示

这是因为浏览器在显示页面时会自动忽略源代码中多余的空格和空行，所有连续的空格或空行都会被算作一个空格。注意，html 源代码中所有连续的空行（换行）也会被显示成一个空格。

小白心里一激灵："老师，那我就想在浏览器里显示多个空格或者换行，难道还做不到吗？"

"当然可以做到。"清青老师笑着回答道。

这就是 HTML 这门语言的"语法"，当你想在浏览器中向用户显示空格、换行、有特殊语法意义的大于号 / 小于号、英文的单引号 / 双引号，以及一些不好用键盘输入的特殊符号如除号"÷"、欧元符号"€"等的时候，就需要使用一种叫作"字符实体编码"的技术，就是用   来表示一个空格，注意都是英文的"&"符号和分号";"，并且所有字母都必须是小写的。例如要显示连续3 个空格，就用   表示，大于号">"用 > 表示，小于号"<"用 < 表示，等等。

浏览器只是一个并不聪明的软件，它在 html 文档中看到 < 这个字符串的时候，就知道"哦，这儿要显示一个小于号。"如果没用这个字符串而是真的用

了小于号 "<"，浏览器看到后就会犯懵了："小于号后面应该是标记啊，可这是个什么标记我不认识啊，怎么办？"

说到这儿，聪明的小白又想到了一个问题:这个 "&" 符号有了这个特殊作用，那么想在浏览器中显示这个符号是不是也要用这种字符实体编码呢？

是的，小白想得非常对。任何有特殊意义的字符在 html 中显示的时候，都要用字符实体编码。常用的字符实体编码如表 3-1 所示。

表 3-1　常用的 HTML 字符实体编码

字　　符	实 体 编 码	描　　述
空格		non-breaking space
>	&gt;	greater-than
<	&lt;	less-than
□	&divide;	division
&	&amp;	ampersand
"	&quot;	quotation mark
'	&apos;	apostrophe

而换行呢？和这个字符实体编码还不一样。即使不说，聪明的你也一定能够想到，前面学习的 <p></p> 这个表示段落的标记,肯定可以用于换行。实际上，段落标记可以当成换行使用。不过还有一个更简单的，就是使用
，表示另起一行。

另外，还有一个很有意思的 <hr>，除了自带换行作用外，更可以表示一条水平线。不过可不要小瞧这条水平线哦，这可不是一条普通的水平线，而是一条神奇的水平线。

神奇在哪儿呢？就是它的长度会自动变化！具体来说，就是不管浏览器窗口有多宽，这条水平线都会自动变长或变短，始终以最恰当的长度静静地待在它应该待的地方。

在自己的计算机上试一下这些标记和实体字符编码，是不是很有意思？

我们看到，在控制浏览器显示版面效果的时候，在内容中增加换行、空格是没用的，必须通过使用 HTML 的标记和字符实体编码来实现。

那么在 html 文件中，空格和换行的作用或者意义是什么呢？这是因为在 html 文件中增加一些换行和空格，可以使得在查看 html 源码时，看到的是有层次感、便于阅读的内容。

也就是说，html 中的标记是给浏览器（或者说计算机）用的，而其中的大部分换行和空格是给我们人类准备的。

除了上面介绍的内容，HTML 语言中还有一些设计版面时常用的技巧。

首先是列表(list)，其在罗列一些词语或短句时，效果非常好，如图 3-15 所示。

图 3-15　最基本的列表

在每个条目前面自动加了一个小黑点,所有条目都自动缩进,自动排列整齐。实现起来也很简单，如图 3-16 所示。

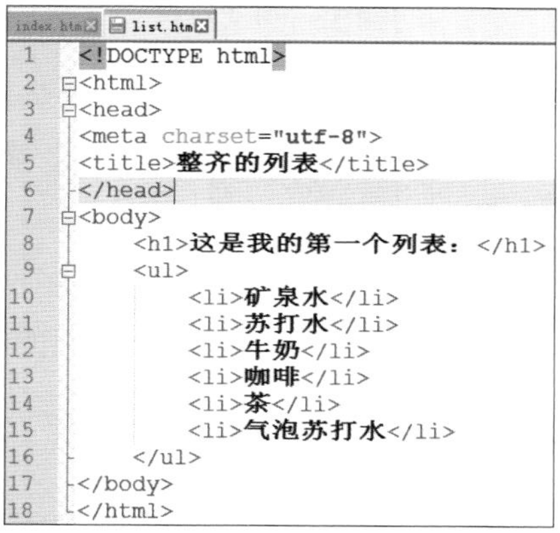

```
1    <!DOCTYPE html>
2    <html>
3    <head>
4    <meta charset="utf-8">
5    <title>整齐的列表</title>
6    </head>
7    <body>
8        <h1>这是我的第一个列表: </h1>
9        <ul>
10           <li>矿泉水</li>
11           <li>苏打水</li>
12           <li>牛奶</li>
13           <li>咖啡</li>
14           <li>茶</li>
15           <li>气泡苏打水</li>
16       </ul>
17   </body>
18   </html>
```

图 3-16　列表的源码 list.htm

　　注：这个文件可以在附录 B 提供的网址中找到，不过还是建议自己动手输入。

html 源码中的空格、换行只是为了让我们阅读起来更方便。即使把所有连续的多余空格和换行都去掉，或者替换成一个空格（普通文字中间的连续空格或换行），在浏览器中显示的效果也不会有任何变化。

其他的标记我们都熟悉了，这次出现的新的标记就是 <ul> 和嵌套在其中的 <li>，注意都是成对出现的。<ul> 的含义就是一个列表，准确地说是"无序列表（unordered list）"，而 <li> 的含义是一个"列表标目（list item）"。

听到这儿，小白马上就想到了一个问题："既然这是无序列表，那是不是还应该有'有序列表'啊？"

没错！有的时候还真会需要一个有序列表，编写也非常简单，只需要把 <ul> 替换成 <ol>（ordered list）就可以了！当然，别忘了这是一个成对的标记，所以前后都要替换。替换后的页面在浏览器里的显示如图 3-17 所示。

图 3-17　有序列表

每个列表条目被自动加上了数字。看到这儿，喜欢思考的小白马上又有了新的问题："老师，老师！我不想用数字序号行不行？能不能用字母 abcd 来代替数字？"

"当然可以！"清青老师点点头。我们可以为有序列表增加一个属性 type，用来定义你想要的列表项前面的顺序编号。这个属性的取值及示例如表 3-2 所示。

表 3-2　有序列表的 type 属性

type 属性值	含　　义	示　　　　例
A	大写字母	A、B、C、D……
a	小写字母	a、b、c、d……
I	大写罗马数字	I、II、III、IV、V、VI……
i	小写罗马数字	i、ii、iii、iv、v、vi……

除此以外，列表还可以嵌套，如图 3-18 所示。

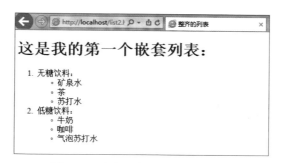

图 3-18　嵌套列表（源码 list2.htm）

无序列表和有序列表都可以相互嵌套。至于嵌套列表的源码在这儿就不展示了，相信聪明的你一定可以自己试出来。

前面我们使用了一个表格来介绍列表的属性，其实网页中的表格（table）也很常见，有的时候为了版面的整体风格还会使用没有边框的表格，如图 3-19 所示。

图 3-19　无边框表格（源码 table.htm）

由于表格中的各行各列都是自动排列整齐的，所以就有人想到用无边框表格进行排版。从效果上来看，这么做似乎还不错，不过这并不是一个值得推荐的好方法，因为如果不能做到每个单元格的大小都合适，表格会很难看。一般来说，适合用表格表达的内容（如成绩表等）我们就使用表格，如果仅仅是为了控制版面，那么"区块（div）"这个技术更值得推荐。

那么什么是区块呢？简单地说，它也是 html 页面中的一种元素，一种块级别的元素。也就是说，它是页面中的"一块"，你可以给这个块起个名字、指定它显示的位置和风格、添加其他元素等。显然，使用"块"的方法控制网页的布局（版面）要比表格更方便，也更规范。

接下来看一个区块的使用示例。先看显示效果，如图 3-20 所示。

图 3-20　区块（div）的效果

再对比看看源码，如图 3-21 所示。

```
 2  ☐<html>
 3  ☐<head>
 4  ☐<meta charset="utf-8">
 5   <title>区块（div）的使用</title>
 6  -</head>
 7  ☐<body>
 8   <p>这是一个段落，区块还没有开始。</p>
 9  ☐<div id="container" style="width:300px">
10  ☐ <div id="header" style="background-color:AliceBlue">
11  -   <h1 style="margin-bottom:0;">区块中的一级标题h1</h1></div>
12  ☐ <div id="menu" style="background-color:Gray;height:100px;width:100px;float:left;">
13      <b>菜单</b><br>
14      鱼香肉丝<br>
15      剁椒鱼头<br>
16      松鼠桂鱼</div>
17  ☐ <div id="content" style=
        "background-color:Yellow;height:100px;width:200px;float:left;">
18  -   青青大厨做的美味
19    <div id="footer" style="background-color:Pink;clear:both;text-align:center;">
20  -   青青大饭庄</div>
21  -</div>
22   <p>这是另一个段落的文本，不在区块中。</p>
23  -</body>
```

图 3-21　区块（div）的使用示例源码

看出名堂来了吧？第 9 行和第 21 行的一对标记定义了一个名字为 container 的大区块，里面又嵌套了 4 个小区块，每个区块都可以有自己的内容、尺寸和显示风格（没错，就是每个 div 的 style 属性定义了它的尺寸和显示风格，包括颜色、对齐方式等）。

正是有了这些简单易用的标记，网站制作者们才可以随心所欲地根据需要设计网页的各种元素，指定它们之间的位置和显示风格，形成一个个错落有致、版面整洁、颜色搭配合理、风格各异的网页；而浏览器基于同样的 HTML 语言规范，就可以把这些网页忠实地显示给浏览的人，正确无误地传递制作者的创作意图。

3.1.4 图片的重要性

一本漂亮的书籍或杂志，通常都是图文并茂、色彩丰富的；一篇吸引人的文章，除了文字本身外，恰到好处的配图肯定会增色不少。实际上，绝大多数人都更喜欢看图文并茂、版面整洁的书报杂志。

凡事都有两面性，有的时候，语言文字又是乏力的。比如你要给朋友介绍你家的猫，如果只让你说，可能你说得口干舌燥，你的朋友也想象不出你家的猫到底有多漂亮、多萌、多可爱。这时候，不如给你的朋友看一下你拍的猫咪的照片，哪怕就是用手机随便拍的。

所以，有时图片会有着文字难以比拟的表现力。甚至有人说，一幅好的图片胜过千言万语。

网站也一样，如果一个网站上只有文字，恐怕对浏览这个网站的人也是一种折磨。世界上只有文字没有图片的网站，几乎是不存在的。所以我们制作网站时要记住：一定要有图！

不过话又说回来，凡事都要有度。对图片的使用也是这样，没有图不行，图多了也不行，不多不少但是图片选得不合适还是不行！

在网页中，前面提到的段落、水平线、标题等，以及下面几节即将讲解的图像、声音、视频或动画等，都是组成一个网页的"元素"（注意这可不是我们在化学课上学习的元素）。一个好的网页，讲究的是所有的元素互相配合、相得益彰。

另外，必须要注意的一个重要问题就是图片的大小。这个"大小"有两层含义：一是尺寸，就是图片显示出来的长和宽；二是图片文件所占的存储空间，例如一张小的图片文件可能只有 3KB，一张大的图片文件则可能有 20MB。图片文件占用的存储空间越大，从服务器向浏览器传送所需要的时间就越长，同时对浏览器的速度也会产生更大的影响。

一般在网页中比较忌讳使用特别大的图，当然，不太大的图太多了也不好。

3.1.5　图片，不只是漂亮

很多时候，图片的合理运用不但能增加整体版面的美观程度，而且有助于我们更准确更有效的表达。正是因为如此，不管是书报杂志还是网站，作者们都会重视图片的选择和使用，也就总结形成了一些经验和教训。

要掌握好图片的使用，除了作者个人的表达意图和书报杂志或网站的整体风格要求之外，我们还要了解关于图片的一些基本知识。作为计算机类的读物，在这本书里当然还是要围绕着计算机技术来进行学习和讨论。

首先，在计算机和网络世界，图片的格式就是一个问题。据不完全统计，现在用计算机存储和处理的图片文件格式超过 200 种，每种都有自己的优缺点和适用的地方。当然，我们平时也只会用到其中的少数几种。

最基本的就是 *.bmp 这种格式。原来 Windows 系统中自带的"画图"小程序，用的就是这种格式。*.bmp 格式的特点就是简单、没有压缩（意思就是原始的画面信息有多大数据量，生成的 bmp 文件就会有多大），这种格式在计算机本地进行处理比较合适，但用于网站或网络传输，就太浪费带宽了。

另外一个也是非常常见的格式，就是 *.jpg 或者 *.jpeg（jpeg 的本义是 Joint Photographic Experts Group，联合照片专家组，这个格式标准就是他们制定的）。这种格式在数码相机、网络上都非常普遍，它的特点就是可压缩。一个 5MB 的 bmp 文件，转换成 jpg 格式，可能只有 0.2 ~ 0.5MB 的样子。当然，这么明显的体积减小，一定是有代价的。最大的代价就是画面质量会下降，压缩得越多（也就是转换后文件越小），画质就越差，所以这种压缩的方法被称为"有损压缩"。不过这种压缩算法非常优秀，尽管画质会变差，但大部分变差的地方都是看起来不怎么明显的，尤其是针对照片这种图像。这种格式以非常小的体积提供可以接受的质量，所以非常适合在网络这种对传输时间要求越快越好的地方使用。但是，由于其本身的缺陷，如果将一个由文字和线条组成的图片转换成 jpg 格式，画质的下降会比较明显。

还有一种比较有趣也比较常见的格式，就是小动画。没有声音，这种格式的文件后缀名是 gif，基本上大部分网站都会有。

另外一种格式是 *.png。前面我们说过，bmp 画质没有损失，但体积太大，

jpg 体积小但画质有损失。虽说"鱼和熊掌不能兼得"，但还是有些科学家不服气，专门研究体积小但画质不会损失的"无损压缩"方法，png 就是其中一个成果。另外，这种格式也支持类似于 gif 的动画。由于这种格式的优点，尤其是对文字和线条组成的图画质量保存更好，现在网站和计算机对这种格式的图片应用越来越多了。

　　除此之外，还有一种更为神奇的不是图像的图像格式也需要深入了解，那就是 SVG，全名是"可缩放矢量图形（Scalable Vector Graphics）"。这是一种用于描述二维矢量图形的、基于 XML 的标记语言。本质上，SVG 不是图像，而是用文本对图像进行的描述，我们看一个例子就明白了。

　　如图 3-22 所示，这是一个叫作"SVG 艺术画廊"的网站，网址为 www1.plurib.us/svg_gallery。就像它的名字一样，这个网站上收集了不少很漂亮的 SVG 图像。

图 3-22　SVG 艺术画廊网站

　　随便打开一个看看，这里打开 open_window，应该就是"开着的窗户"的意思，很有艺术气息是不是？打开后的效果如图 3-23 所示。

乐学 Web 编程——网站制作不神秘

图 3-23　SVG 图像之一：open_window

我们再来看看这个文件的源码，和查看 html 源码一样，按 Ctrl+U 快捷键即可，如图 3-24 所示，其源码就是文本，只不过用了一个特殊的标签 <svg>。

```
1  <?xml version="1.0" encoding="UTF-8" standalone="no"?>
2  <!-- Created with Inkscape (http://www.inkscape.org/) -->
3  <svg
4     xmlns:dc="http://purl.org/dc/elements/1.1/"
5     xmlns:cc="http://web.resource.org/cc/"
6     xmlns:rdf="http://www.w3.org/1999/02/22-rdf-syntax-ns#"
7     xmlns:svg="http://www.w3.org/2000/svg"
8     xmlns="http://www.w3.org/2000/svg"
9     xmlns:sodipodi="http://sodipodi.sourceforge.net/DTD/sodipodi-0.dtd"
10    xmlns:inkscape="http://www.inkscape.org/namespaces/inkscape"
11    width="450"
12    height="450"
13    id="svg2"
14    sodipodi:version="0.32"
15    inkscape:version="0.45"
16    sodipodi:docbase="/home/lukisuser/Desktop/mounted storage/bfiles 2007/Projects/Squares - 07 July/open_window"
17    sodipodi:docname="open_window_final.svg"
18    inkscape:output_extension="org.inkscape.output.svg.inkscape"
19    version="1.0"
20    sodipodi:modified="true">
21   <sodipodi:namedview
22     id="base"
23     pagecolor="#ffffff"
24     bordercolor="#666666"
25     borderopacity="1.0"
```

图 3-24　svg 源码（img/open_window_final.svg）

很有特点吧？其实这个图像格式还有很多优点，限于篇幅，我们就不展开叙述了，感兴趣的读者可以深入学习。

关于图片格式的问题，相信以后在使用过程中，大家就会熟悉它们各自的特点了。

接下来，我们就要尝试在网页中添加图片了。

大家随意从网上找一幅图片，如图 3-25 所示，保存在我们的网站根目录（就是 C:\inetpub\wwwroot）下。

图 3-25 一只猫咪的照片，文件名为 cat.jpg

编辑网页文件 index.htm，在段落后面（就是一对 <p></p> 标记后面）增加下面这一行。

<img src="cat.jpg">

注意，要用英文输入法的双引号。如果是中文的双引号则会出错。

这一行的意思就是告诉浏览器"你在这个位置给我显示一个图片，就是这个 cat.jpg"，如图 3-26 所示。

```
index.htm
 1    <!DOCTYPE html>
 2  ⊟<html>
 3  ⊟<head>
 4    <meta charset="utf-8">
 5    <title>我的第一个网页</title>
 6   -</head>
 7  ⊟<body>
 8        <h1>这是我的第一个标题</h1>
 9        <p>这是我的  第    一    个段落。</p>
10        <img src="cat.jpg">
11   -</body>
12   -</html>
```

图 3-26 编辑 index.htm

保存 index.htm 文件，然后在浏览器里刷新一下（可以按 F5 键）。

看，图片显示出来啦，如图 3-27 所示。

图 3-27　添加图片后的网页

看着自己制作的网页上有了图片，小白很高兴。可是美了不大一会儿，小白却渐渐皱起了眉头："老师，这个图片有点大，怎么让它变小一点儿啊？"

清青老师非常喜欢提出问题的学生，回答道："小白同学真是擅于观察思考，非常好！我们学习任何知识，都需要这种主动思考的好习惯！"

既然这个网站是我们自己做的，我的地盘我做主，想要图片显示得小一些，当然有办法啦！

最简单直接的办法，就是把图片本身变小。随便找一个处理图片的程序，如"画图"程序，打开要调整的图片，单击"重新调整大小"，可以把长和宽改为原来的 50%，或者将像素数改为原来的一半，然后保存就可以了。

另外一种方法是回到 Notepad++，在刚才添加的那一行代码上增加点儿内容，如下所示。

```
<img src="cat.jpg" width="304">
```

刚才我们在"画图"程序里看到这张图片的宽度是 608 像素、高度是 589 像素。这里增加的内容就是告诉浏览器：别管图片本身是多大，只要按照宽 304 像素来显示就可以，高度嘛，就自动按照同比例去计算。

保存文件，然后到浏览器里刷新一下。当然，这里也可以指定图片显示的高度，或者宽度和高度同时指定。

看！是不是变小了？图片和文字"这是我的第一个标题"基本上长度相等了，如图 3-28 所示。

图 3-28　利用 width 或 height 控制图片显示大小

对于图片在网页中的显示，经常会用到这个小技巧，尤其是要准确地控制网页版面的时候。

接下来我们再回头说说下面这行代码。

<img src="cat.jpg">。

尖括号大家都知道，表示这是一个标记（也有人称它为标签）。

开头的 img 三个字母是单词 image 的缩写，即图片的意思。

src 呢？可能有的同学猜到了，没错，就是 source 这个单词的缩写，表示"源"的意思，就是说这个图片的来源，或者说源地址是什么。等号后面就是这个源地址，因为是一个字符串，所以必须用引号把它封闭起来。

这种位于标记内部，用于说明这个标记的某种特性的特别用词，被称为这个标记的"属性"。一个属性既有名称，也有值，等号（＝）前面就是这个属性的名称，等号后面的字符串就是这个属性的值。例如，我们说一个人，他有一个属性就是姓名，还有一个属性是身高，当然还可以有其他属性。如果借用 HTML 标记的"语法"，我们就可以按下面的方式记录。

< 人 姓名 =" 李小白 " 身高 ="170cm" 体重 ="65 公斤 ">

显然，上面用到的 width 和 height 也是标记 img 的另外两个属性。

细心的同学注意到了，我们的网页文件 index.htm 和图片文件 cat.jpg 是放在同一个目录里的，所以这里图片的源属性的值可以只用文件名，而不用再提目录。

当一个网站变得比较大，如有几十个或几百个网页、成百上千个图片的时候，如果都放在一个目录里，肯定就不方便管理了，看起来也没有层次、没有条理。比较好的做法就是把网页进行分类并存放在不同的子目录里，把图片也进行分类并存放在另外的子目录里。这时候，我们在使用图片的时候就要在图片的源地址字符串中指明其存放的路径了。

接下来做一个小练习：新建一个名字为"img"的子目录，专门用于存放图片，并把"cat.jpg"这个图片文件移动到这个子目录。

这时候如果在浏览器里刷新网页，会发生什么？计算机可不会聪明到自己到新的目录里去找原来那张图片。这时候因为找不到 cat.jpg 这个图片资源了，可是这个标记又是一个图片的标记，所以浏览器只能用一个难看的小叉子图片进行代替，如图 3-29 所示。注意，不同的浏览器可能显示得不太一样。

图 3-29　图片源地址错误

当然，我们知道问题出在哪儿，所以也就很容易纠正，把那一行代码稍作改动就可以了。

`<img src="img\cat.jpg">`

一定要自己在计算机上试一下哦！另外，再告诉你一个小秘密：这里的斜杠"\"换成"/"也可以。

如果网站再继续变得更大，一个比较常见的提高网站性能的办法就是增加服务器，这些服务器各自承担不同的任务，例如，拿出一台服务器专门用于存放图片。在这种情况下，网页里图片的源地址还需要指明服务器的名称，类似于下面这行代码。

`<img src="http://img.server.com/img/cat.jpg">`

回到刚才那个出错的页面，就是那个难看的小叉子。除了人有可能出错，计算机有时也会出错，比如硬盘突然坏了，或者用于存放图片的服务器突然不工作了等。

那么针对网页中的图片，有没有一个比较优雅的方法在图片出错的时候使网页不会那么难看？

当然有了。一个优秀的网页制作者，在使用图片的时候都会把我们学习的这个语句（就是那个 img 标记）写成下面这个样子。

`<img src="img\cat.jpg" alt="可 爱 的 猫 咪" width="304" height="295" border="1">`

其中的 alt 是单词 alternative 的缩写。这个属性的意义就是如果 src 指定的地址找不到原始资源，就在相应的位置用 alt 这个属性的值进行替换，这里就是"可爱的猫咪"这几个字。这样，即使因出错导致浏览者看不到，也可以知道作者在这儿放置的是一个被称作"可爱的猫咪"的图片。

上面这行代码的显示效果如图 3-30 所示（为了测试，我们故意把 src 属性中的目录名称改为一个错误的或不存在的目录，如 im）。

是不是比只显示一个小叉子要好得多？并且图片占用的位置也都原样保留，整个页面的排版也没有受到影响。

和其他例子一样，这个例子也一定要在自己的计算机上练习一下哦。

除了宽度和高度外，img 这个标签还有一个属性会经常使用，就是 border，其作用就是可以设置在图片的四周是否显示边框，也可以指定边框的宽度。

通过在 img 标签中指定这些属性，就可以很好地控制页面的排版效果。即使图片出错无法显示，页面的整体显示效果也不会乱。

图 3-30　img 标签 alt 属性的作用

对了，这些属性是不讲究前后顺序的，所以不用费功夫去记忆哪个在先哪个在后。但是一定要注意，属性和属性中间是要用空格分隔开的！

在前面的介绍中，我们知道图片都是作为网页中的元素使用的。细心的同学肯定还注意到有些网站的网页不但使用一些图片作为元素，还可以被用作背景，使得整个页面看起来更加吸引人、更加舒服。这又是怎么做到的呢？

这个问题留到 3.3 节再说。

3.1.6　音频与视频

当你在上网时有没有碰到过一打开就开始播放动人音乐的网页？有没有用过浏览器访问一些音乐网站去听你喜欢的歌曲？你有没有用浏览器在网上看过电视剧、电影、综艺节目、搞笑片段等这些或长或短的视频？

对于网站来说，这些又是怎么做到的呢？

如果要完整地说清楚网站在音频、视频方面的技术知识，恐怕需要几本很厚的书才行，因此这里我们只讲最重要的部分。

由于历史的原因，"兼容性"这个词在计算机（包括网络）领域一直都很重要，或者说兼容性问题长期以来一直存在。

从浏览器的基本功能——内容显示来说，兼容性较好的当然就是最简单的文本内容，这其中最好的又非英文莫属。一是对英文的处理确实简单，只有 26

个字母，算上大小写和标点符号也不多;第二个原因就是计算机技术起源于美国，因此对英语的兼容性是最基本的。任何计算机或程序，显示英文的内容几乎从来不会出现兼容性的问题。中文就相对复杂，字符数量多（仅常用字就有几千个），还有简体字和繁体字……在计算机发展的初期，中文的显示和处理曾经难倒了不少专家学者，太复杂的不说，就说编码方案就有好几个。还记得我们的网页文件 index.htm 开头部分的那一行吗？就是 <meta charset="utf-8">，解决的就是中文字符显示的兼容性问题。

比文字复杂一点的，就是图片。前面我们说过，现在的图片格式多达 200 多种。好在常用的几种在大多数时候都够用了，所以这个问题也不用担心。

比图片更复杂的，就是声音。比声音还复杂的，就是视频。计算机科学家们为了减少这些内容会占用的存储空间和传输时耗费的时间（以及带宽），长期以来都在开发很多压缩技术，简单地说就是在不降低或者不明显降低质量的情况下，减少图片、声音、视频文件的大小。由于这些技术有很多种，又是在不同时期开发出来的，所以在应用到各种计算机软件（如浏览器）的过程中就出现了只能支持其中一部分的情况，从而导致了兼容性问题。

在网站的发展过程中，除了基本的文字之外，图片、声音、视频的技术也发生了很大的变化。一件非常好的事情就是，现在已经有了一套应用非常普遍的标准，兼容性也没有明显的问题。这套标准，可以用 HTML5 作为代表（或称之为 H5）。接下来，我们就在这个最新标准的范围内，学习一些在网页中使用声音和视频的知识。

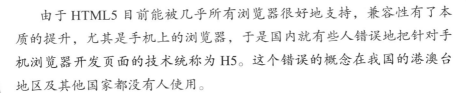

一点通：关于 H5

由于 HTML5 目前能被几乎所有浏览器很好地支持，兼容性有了本质的提升，尤其是手机上的浏览器，于是国内就有些人错误地把针对手机浏览器开发页面的技术统称为 H5。这个错误的概念在我国的港澳台地区及其他国家都没有人使用。

通过前面的学习，我们知道，在网页中加入图片使用的是 <img> 标记，那么加入声音，要用到的是 <audio> 标记；类似地，如果要加入视频，就要用到 <video> 标记。接下来，还是通过实际的案例来学习这两个标签的使用方法。

首先，找到练习用的声音文件。打开文件浏览器，在"库"里找到"音乐"/"示例音乐"目录，可以看到有几个 mp3 音乐文件（Windows 自带的），我们以 Sleep Away.mp3 为例，将其复制到网站根目录（和图片一样，大型网站的制作者一般会再单独创建一个名为 audio 的子目录）下。

然后，编辑网页文件 index.htm，在图片标记后面加入下面这一行。

<audio src="Sleep Away.mp3">

和前面的步骤一样，保存文件，然后在浏览器里刷新一下。

没有反应对不对？期待的音乐并没有响起，为什么？

原因就是我们不能这么简单地使用这个标记。要知道，图片可以用来显示，声音可不能用来显示啊！所以浏览器看到这么一行，它根本不知道要做什么。即使是"可以显示"的视频，也不能直接这么用。音频和视频这两种媒体，有一个共同的特点就是"需要播放"，在网页中使用的话也必须考虑"播放"这个特殊之处。

正确的使用方法如下。

<audio controls>
<source src="Sleep Away.mp3">
    您的浏览器不支持 audio 元素。
</audio>

显然，前面的 <audio controls> 和后面的 </audio> 是成对的标记（即闭合），controls 的含义是这里浏览器要显示一个播放器控件，而要播放的音频源文件，通过嵌套的 <source> 标记来指明。至于"您的浏览器不支持 audio 元素。"这几个字，仅仅是考虑不支持 <audio> 标记的浏览器，与 <img> 标记里面的 alt 属性的目的是一样的。不过现在不支持 <audio> 标记的浏览器几乎没有了，所以不写这一行的话问题也不大。

编辑好 index.htm 文件后保存，然后刷新浏览器，就可以控制声音的播放了，播放、暂停、调整音量这些操作都自动出现了，如图 3-31 所示。

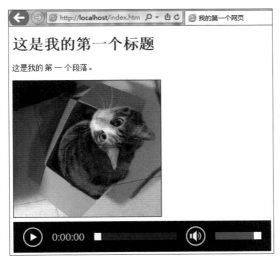

图 3-31　<audio> 标记的效果

思考一下，前面的
 标记是做什么的？

当然，<audio> 标记不会只有一种用法，例如，要为网页添加背景音乐（打开就自动播放，不显示播放控件），可以用以下方法。

```
<audio autoplay loop>
    <source src="Sleep Away.mp3">
</audio>
```

"autoplay" 的作用很好理解，就是加载网页后自动开始播放；而 "loop" 表示一直不厌其烦地循环播放。如果不想循环播放，可以删除 "loop"，这样音乐便只播放一次。

视频标记 <video> 的使用方法与 <audio> 基本一样，值得注意的就是视频文件的格式有很多种，而浏览器只支持其中的很少几种，并且不同浏览器支持的格式也不完全一样。一般来说，对于 mp4 这种格式，基本上每种浏览器都可以支持，所以为了保险起见，尽量在网页中使用这种格式。同样，声音文件的格式也有很多种，而其中的 mp3 格式几乎所有的浏览器都支持，并且不大的文件就可以保证比较好的音质。这里 mp3 和 mp4 的格式与之前提到的 jpeg 类似，也都是有损压缩的格式。

<video> 标记的使用方法与 <audio> 类似，如果你想在网页上增加一个视频元素，可以用类似下面的代码。至于效果，可以在计算机上试试看，当然，需要先有一个 mp4 格式的视频文件。

<video width="320" height="240" controls>

　　<source src="movie.mp4" type="video/mp4">

　　您的浏览器不支持 Video 元素。

</video>

3.1.7　这才是 Web 技术的魅力所在

互联网于 20 世纪 50 年代问世，一直到 Web 出现前的 1991 年，曾经出现过很多种基于互联网的计算机应用类型，如邮件、文件传输、远程登录等。但是 Web 自从诞生后，很快就成为互联网上的主流应用。甚至在很多人的脑海里，互联网就是 Web（当然，这也与 World Wide Web 这个大气的名字有关）。

有人试图分析过 Web 应用能够流行的原因，除了最基本的信息展示之外，其中很重要的一点就是浏览者还可以和网站进行互动。这个互动有两个含义：一是浏览者可以"任意选择"；二是浏览者可以在网站的支持下"表达自己"。

所谓"任意选择"，就是网站把已有的内容按照页面组织好，页面之间通过"链接"（又叫"超链接"）全部连接在一起，组成一张信息网，浏览者想继续看哪个内容，单击相应的链接就可以了。

想想看，如果你用浏览器打开一个网页，除了这个网页本身可以看之外，没有任何可以单击的地方。如果想转到别的页面去，只能在地址栏里输入新的页面的地址——这样的网站是不是很让人崩溃？

那么，这个"链接"到底是怎么做的呢？

接下来，还是通过实例和练习来掌握如何在网页中增加链接，包括最基本的文字链接、图片链接、稍微复杂一点儿也更有趣一点儿的图片、地图，以及最近几年出现的新型链接——"视链"。

1. 文字链接

首先，假设有人对我们做的这个小小的网站感兴趣，也想学习相关的知识。第一次看到我们做的网站，他首先就想知道这个网站是用什么软件建设的。怎么办？很简单，我们在网页里告诉他就是了，例如，在 index.htm 文件中增加下面一行代码。

<p>Powered by Microsoft IIS</p>

这样，有人访问我们的网站时，一眼就看出来"原来这个网站是用微软公司的 IIS 建立的"，图 3-32 所示就是这一行代码的效果。

图 3-32　增加 Powered by Microsoft IIS 文字说明

除了 Web 服务软件，很多网站都会在页面的最下方放置一些类似 Powered by ×××× 的文字，表示这个网站的建设使用了 ×××× 这项技术或产品。

显然，这是一个最基本的说明，仅此而已。如果浏览者看到了这一行，还想再进一步了解微软公司或者 IIS 软件，他又该怎么办呢？能否让他在浏览网站时可以更方便地了解这些内容？

当然可以！例如，我们给 Microsoft 这个单词增加一个"超链接"，这样这个单词就会以不同的风格显示（如带有下画线），当把鼠标移动到这个单词上的时候，鼠标指针就会变成一个小手；当单击这个单词的时候，浏览器就跳转到我们指定的页面，如微软公司的介绍，或者干脆让它转到微软公司的网站上去。

怎么做呢？还是使用编辑器打开网页文件 index.htm，按照图 3-33 所示进行编辑。

在要增加超链接的这段文字之前添加 <a href = "http://www.microsoft.com">，在要增加超链接的文字后面添加 </a>，保存文件。然后到浏览器里刷新页面，即可看到 Microsoft 这个单词变成了蓝色，下面增加了下画线；如果把鼠标指针移动到它上面，指针就会变成一个小手，在浏览器窗口的左下角还会出现一个提示，就是我们设置的目标地址，如图 3-34 所示。

```
1    <!DOCTYPE html>
2  □<html>
3  □<head>
4    <meta charset="utf-8">
5    <title>我的第一个网页</title>
6   -</head>
7  □<body>
8        <h1>这是我的第一个标题</h1>
9        <p>这是我的   第   一   个段落。</p>
10       <br><hr>
11   <p>Powered by <a href="http://www.microsoft.com">Microsoft</a> IIS</p>
12   -</body>
13  -</html>
```

图 3-33　给单词 Microsoft 增加超链接

图 3-34　超链接的作用

增加的内容也是一个标记对，<a> 是开始，</a> 是结束。没错，<a> 标记就是用于构造超链接的，它的 href 属性就是链接的目标地址。在上面的例子中，我们直接使用了微软公司的网站。当然，也可以在自己的网站上制作一个微软公司简介的页面，然后把这个超链接的目标指向我们自己制作的页面。

2. 图片链接

不仅可以为文字增加超链接，也可以为图片增加超链接，如下所示。

```
    <a href="cat.htm">
 <img src="img\cat.jpg" alt=" 可爱的猫咪 " width="304" height="295">
 </a>
```

与为文字增加超链接一样，只需要在图片这个元素的前后使用 <a> 和 </a> 标记即可。

3. 图片地图

上面说的是比较简单的链接，只要鼠标指针在图片上，不管哪个位置，单击的作用是一样的。对于图片，还有一种更复杂、更有趣的链接，就是把图片分成若干个区域，单击不同的位置就会跳转到不同的目的地址。比较常见的用到这种技术的网页就是地图，例如，先显示一幅全国地图，如果想了解其中某个省份，就单击那个省，浏览器就会跳转到相应省份对应的另一个网页。实际上，这种技术的名称就叫"图片地图"，使用的就是一个叫作 <map> 的标记。具体使用方法如下。

首先使用 <img> 标记显示全局图，并在这个标记中增加一个 usemap 属性，属性的值就是 <map> 标记的名字。

然后使用 <map> 标记定义多个 area，就是区域，给每一个 area 指定相应的链接目的地址。区域的形状可以是矩形、圆形，也可以是不规则的多边形。

代码如图 3-35 所示。

```
1  <img src="china.jpg" width="400" height="300" alt="中国地图" usemap="#mapofchina">
2  <map name="mapofchina">
3    <area shape="poly" coords="x1,y1,x2,y2,x3,y3,x4,y4,x5,y5" alt="xx省"
       href="xxprovince.htm">
4    <area shape="poly" coords="x21,y21,x22,y22,x23,y23,x24,y24,x25,y25" alt="yy省"
       href="yyprovince.htm">
5    <area shape="poly" coords="x31,y31,x32,y32,x33,y33,x34,y34,x35,y35" alt="zz省"
       href="zzprovince.htm">
6  </map>
```

图 3-35 图片地图的使用

注意，第一行代码最后指定的地图名称和第二行为 <map> 标记起的名称要一致。

每个 area 中的 coords 属性就是这个多边形每个节点的坐标。

如果要把 area 定义为矩形（rect），只需要对角两个点的坐标即可。

如果要把 area 定义为圆形（circle），只需要圆心的坐标和半径即可。

我们有时也将图片地图称为图像地图、图像映射等，这都是一个名字的不同叫法而已。

4. 视链

近年来，随着网络视频的流行，出现了一种新型的链接——"视链"，就是从视频链接到一个网页。尤其是比较专业的视频网站，大都使用了视链。例如某个电影，里面某位主角在某个时间段穿了一件非常好看的衣服，如果有人想买一件同样的衣服怎么办？这在以前几乎是不可能做到的，你只能从各个购物网站上大海捞针一样去找。有了"视链"这项技术，就变得很简单了，直接用鼠标指针在那个主角身上单击一下就可以了。

图 3-36 所示为国内某知名视频网站的视链。

图 3-36　视链（图片来自网络）

小白一撇嘴："切，这不就是广告吗？"

没错，是广告，不过我们说的是这种广告里用到的这种特殊的链接技术。当然，现在视链主要的使用场景就是广告，包括专门的广告片和那些隐藏在各种电影、综艺节目中的广告。除了广告之外，有的网站也为视频增加了一些知识性的视链，如人物介绍、背景知识等。

我们知道，视频一般都比较长，播放一部电影需要两个小时左右，播放一部电视剧更是需要几十个甚至上百个小时。如果靠人工为视频增加视链，无疑是一件比较麻烦的事情。现在很多科技公司采用人工智能技术，让计算机自动在视频中加入合适的链接（不仅仅是广告哦）。相信随着技术和应用的发展，以后我们边看视频边学习、边看视频边购物的情形会越来越多。

由于视链的实现超出了标准的 HTML 规范，大家以后在网上看视频的时候，可以多观察一下。

说完了链接，我们再来说说浏览者和网站互动的第二层含义——表达自己。

现在有很多非常受欢迎的网站可以让大家自由地发表观点，如论坛、微博等，甚至可以说这些网站的最大价值就在于可以让浏览者（或者说用户）发表自己想发表的东西。另外还有很多新闻网站，也可以让大家对新闻的内容发表自己的感想或评论，一般来说，这些网站都比那些只能阅读不能评论的网站更受欢迎。

而网站实现这一功能的方法就是表单（form）。简单来说，表单的作用就是收集不同类型的用户输入。当然，这些用户输入不是输入完就结束了，还必须以技术手段加以保存，并在网页中加以利用，这样这些用户的输入才有价值。

和其他一些独立的应用程序一样，一般在网页中需要的用户输入无非是以下几个类型。

- 文本，包括大段的文本（几十个到成千上万个字或字母，一般会分成多行）和比较短的文本（如用户名、密码、电话号码等，一行就足够）。
- 单选按钮，如性别等。这种按钮有一个特点就是每次改变选择后，以前选择的项目就会自动失效。
- 复选框，就像考试中的多选题，可以选择一个或者任意几个。如果一个项目在之前选过，后来又不想选了，就必须再单击一下才行。
- 下拉列表，又叫下拉菜单。例如调查某人来自哪个省市，一般都会使用一个包含全部省市的下拉列表。
- 按钮，一般会有两个，一个是"重置"按钮，一个是"提交"或者"确认"按钮。当然，这些按钮也可以是其他名字，也可以有 3 个甚至更多个按钮。

接下来，我们通过几个实例来学习这些输入组件的使用方法。

如果需要用户在浏览器中进行输入，就要用表单来实现，而上面说的那些用户输入的类型，就是这个表单里的各个输入元素。例如，一个简单的表单可以这样写：

```
<!DOCTYPE html>
<html>
<head>
<meta charset="utf-8">
<title> 表单（form）的使用 </title>
```

```
</head>
<body>
<p> 一个兴趣调查表格: </p>
<form>
姓名: <input type="text" name="name"><br>
密码: <input type="password" name="pwd"><br>
性别: <input type="radio" name="sex" value="male"> 男
     <input type="radio" name="sex" value="female"> 女 <br><br>
兴趣爱好: <br>
    <input type="checkbox" name="read" value="read"> 阅读
    <input type="checkbox" name="movie" value="movie"> 看电影 <br>
    <input type="checkbox" name="net" value="net"> 上网
    <input type="checkbox" name="ball" value="ball"> 打篮球 <br>
    <input type="checkbox" name="swim" value="swim"> 游泳
    <input type="checkbox" name="game" value="game"> 玩游戏 <br><br>
你来自哪个省市?
    <select name="province">
            <option value="bj"> 北京 </option>
            <option value="sh"> 上海 </option>
            <option value="sd"> 山东 </option>
            <option value="yn"> 云南 </option>
    </select><br><br>
请留下宝贵意见: <br>
    <textarea rows="8" cols="50" name="comments"></textarea><br><br>
<button type="button" > 普通按钮 </button>   
<input type="submit" value=" 提 交 ">
<input type="reset" value=" 重 置 ">
</body>
</html>
```

把编辑好的文件保存为 form.htm, 然后用浏览器打开, 效果如图 3-37 所示。

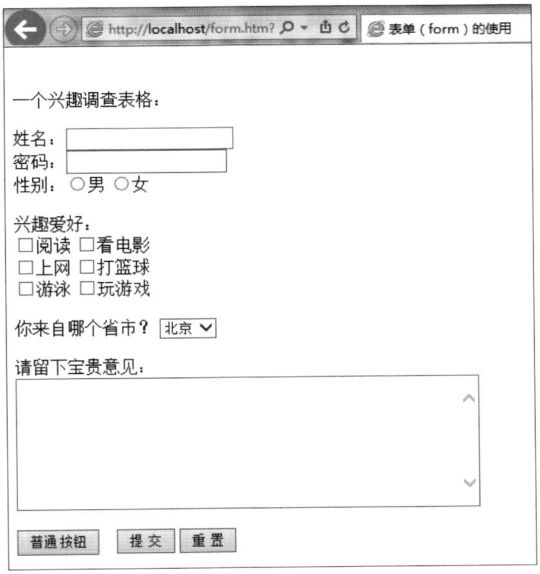

图 3-37 表单的效果

对比源码和网页效果，很容易便能明白每个标记的用法。这其实也是学习 HTML 语言的一个非常重要、也非常好的方法。如果在上网的过程中看到了一个你感兴趣的网页，最快的学习方法就是看它的源码。怎么看呢？很简单的一招，按 Ctrl+U 快捷键即可。

这里值得强调的有以下两点：

一是密码，可输入几个字母或数字试一下，不管输入什么字母、数字或符号，它都只显示黑点。这就是 type="password" 的作用，目的就是保护访问者的密码，以防旁边有人偷看。

另外一个是按钮，最常使用的是"提交"和"重置"这两个按钮，可以使用 <input> 标记创建，其他按钮一般就用 <button> 创建。当然，"提交"和"重置"按钮也可以用 <button> 创建，关键是其中的 type 属性决定了一个按钮的实际功能。

说到这儿，清青老师停了下来："看完这些，有没有觉得哪儿不对劲？"

喜欢思考的小白刚才就觉得似乎有些不妥，听清青老师一问，他马上就想到了："我知道了，就是在表单里填的这些数据好像没起任何作用。"

是的，我们介绍的只是在网页上添加表单的方法和表单每种元素的作用，至于用户在表单中填写的这些数据如何真正地收集、使用，需要在服务器上进行编程，这部分知识我们留到第 5 章再学。

3.2　智能设备手机、计算机、Pad……，都在访问网站

以前，上网的设备只有计算机。后来，随着智能手机等各种智能设备的出现和发展，可以上网的设备类型越来越多，如手机、平板、电视，甚至冰箱和微波炉等。对于网站来说，这些设备之间最大的区别是什么？

没错，就是屏幕大小。

一般来说，计算机的屏幕尺寸都比较大，小的也有 12 英寸，大的有 24 英寸、27 英寸甚至 34 英寸。当然，更小的如 10 英寸、7 英寸的也有，不过很少；智能手机的屏幕从 3.5 英寸到 7 英寸，大大小小的都有；平板电脑（包括掌上电脑）的屏幕从 5 英寸到 13 英寸，也有很多（图 3-38）。

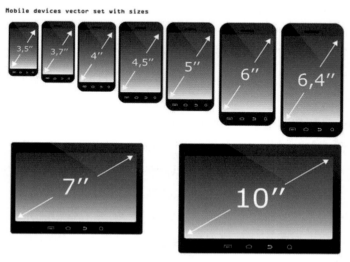

图 3-38　不同尺寸的屏幕对比（转自钛媒体 tmtpost.com）

为什么要说屏幕尺寸呢？因为对于网站来说，浏览者所用设备的屏幕大小对于网页的显示效果有着最为直接的影响。

智能手机刚出现时，绝大多数网站还都仅仅是为计算机浏览准备的。那时候用智能手机浏览网站是一件很痛苦的事情，用小屏幕的手机要么只能看到网页的一小部分，需要上下左右不断地滚动屏幕，要么字体特小只能看网页大概的样子。

好在越来越多的网站制作者们意识到了这个问题，很多针对性的技术也得到了应用。现在大部分网站都可以自动适应不同大小的屏幕，也就是说，不管用多大屏幕的设备（甚至是那种极端的小屏幕，如智能手表）浏览网站，都可以自动获得最佳的浏览体验：字体大小合适，图片大小合适，一般只需要上下滑动，不需要左右滚动。

之所以要说这一点，就是希望大家在学习网站制作的时候，一定要记住会有不同类型的设备来访问我们的网站，要有意识地考虑这些设备的差异，尽可能地确保每种设备都可以得到比较好的显示效果和体验。

一般正规的网站在正式上线之前，都会有专门的测试人员使用各种各样的设备和浏览器软件对网站进行多次测试，一旦发现问题及时修正，以确保上线后的运行效果和用户体验达到最好的水平。

3.3 美观与高效并存

与我们每个人一样，网站也需要"精心打扮"，并且很多网站还会经常更换风格，以给浏览者带来不一样的新鲜体验。

我们在前面介绍区块（div）的时候，曾经使用过 style 属性来控制一个区块的背景颜色、大小等。

style 这个词在英语中有风格、样式、品味、仪表、时尚等含义。在 HTML 中，style 的含义类似，通过为页面的各个元素指定 style 的取值（即等号后面的内容），就可以控制相应元素的显示风格。

如果想使用蓝色字体显示一个段落，可以使用以下代码。

 这个段落的字体是有颜色的。

当然，除了颜色，其他与显示效果有关的，都可以通过 style 来指定，如字体、大小、阴影、对齐方式、背景等。

想想看，当需要为一个网站上的所有网页调整各种元素的显示效果时，如果只能使用逐个元素改写 style 的方法，内心是不是很崩溃？

不过请放心，开发这些 Web 技术和标准的牛人早就想到了这些问题，也给我们提供了可以快速、高效地调整这些显示风格的方法，就是层叠样式表（Cascading Style Sheets）。

3.3.1　层叠样式表是什么

其实，前面介绍的在一个 HTML 元素内部使用 style 属性的方法就是层叠样式表的最简单的用法，被称作"内联样式"。显然，如果想对网页的整体风格进行控制，在每一个元素中使用"内联样式"不是一个好的做法。所以，还有一个好一点儿的方法就是"内部样式"，即在 htm 文档开头的 <head> 部分使用 <style> 标记。就像下面这样，用黄色指定网页的背景，用蓝色指定各个段落。

```
<head>
<style type="text/css">
body {background–color:yellow;}
p {color:blue;}
</style>
</head>
```

把它放在你的网页里，试一下效果。

很明显，如果想换一种颜色，只需要在这儿修改就可以了。这比使用"内联样式"效率要高很多。

当然，几乎没有网站是只有一个页面的。因此，如果想对一个网站上的多个网页进行修改，"内部样式"也显得笨拙了。别担心，还有一种更高级的用法，就是"外部样式"，即把样式的定义单独保存为一个文件，我们将这个文件叫作外部样式表，然后在每个网页里引用这个外部样式表就可以了。当想改变网页外观的时候，仅修改这一个文件就可以了，效率要比前面两个方法高得多。

下面是一个使用"外部样式"的网页的例子。

```
<head>
<link rel="stylesheet" type="text/css" href="mystyle.css">
</head>
```

很简单吧？就是在 <head> 部分添加一个 <link> 标记，当然，要在这个标记里指明外部样式表的文件名。这个文件的内容就是各种元素样式的一个集合，可以根据需要进行修改，就像下面这样。

```
body {background-color:yellow;}
h1 {font-size:24pt;}
h2 {color:blue;}
p {color:red;text-align:center;}
```

这个外部样式表的语法（其实和内部样式一样）也很简单，如图 3-39 所示，每一句都用一个"选择器"代表一个元素类型（甚至也可以是子元素，如 p:first-letter 代表第一个字母；也可以是一组元素类型，如"h1,h2,h3,p"），后面跟着的是对这种元素各种显示属性的声明（每个属性和取值用冒号隔开并以分号结束，就形成一个声明），一个选择器的所有声明用大括号括起来。

图 3-39 样式表语法

将一个到多个样式放在一起就是一个样式表，那么"层叠（Cascading）"又是什么意思呢？"Cascade"的本意是"级联、水流倾泻而下"的意思。看到这个词，很多人第一时间就会想到瀑布，尤其是图 3-40 所示的这种分成多个层次的瀑布（不是"飞流直下三千尺"的那种）。

图 3-40　多级瀑布

在计算机领域，这个词比较常见的地方就是级联菜单，例如 Windows 系统右键菜单中的"查看""排序方式"和"新建"等都是级联菜单，如图 3-41 所示。

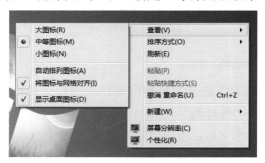

图 3-41　级联菜单

在 Cascading Style Sheets 这个术语中，一般把 Cascading 翻译成"层叠"，对于这个"层"，我们可以理解成"外部样式表""内部样式"和"内联样式"这三层。

如果一个网页既引用了外部样式表，又使用了内部样式，还在部分元素中使用了内联样式，会发生什么现象？尤其是这些样式规定得又不一致时，例如外部样式表中 <p> 的颜色为蓝色、内部样式中 <p> 的颜色是红色，而在内联样式中又选择了绿色。

字体会变成彩虹色？字体颜色会不断地变来变去？还是在这几种颜色中随机选择一个？让我们在计算机上试验一下。

经过多次试验，我们发现，一个元素的某种属性，是以最后一次设置为准的。例如，对于 <p> 段落这种元素，如果我们在外部样式表中设置为蓝色字体、居中对齐，在内部样式中又设置为红色字体、粗体显示，在内联样式中又指定绿色字体，那么实际显示出来的将是绿色、粗体、居中对齐的样子，也就是说，每一层的样式都被采用了，有重复的地方就以最后一次为准。这个最后一次，当然是内联样式了（从 html 文档的开头往后看，这也是浏览器解读的顺序）。

　　因此，一个元素的多个样式最终会"层叠"为一。这就可以在批量控制网页显示样式的同时，还可以在一些有特别需求的地方采用独特的风格。

3.3.2　HTML+CSS，表达力只受限于想象

　　我们在前面介绍了层叠样式表（CSS）的基本知识和使用方法，可以说 CSS 确实是一个可同时控制多个网页显示样式和布局的高效手段。CSS 是非常强大的，所有 HTML 元素的和显示相关的特性，都可以用 CSS 进行控制，除了基本的颜色、背景色、字体大小、对齐方式等之外，还有边框、间距、位置、阴影、透明、轮廓，甚至动态效果、鼠标指针的形状。

　　这里给大家介绍一个勉强可以反映 CSS 有多强大的例子，就是只用 HTML 和 CSS 这两个基于文本的语言，"说出"一个可爱的大白，如图 3-42 所示。

图 3-42　纯 HTML+CSS 打造的大白形象

　　在这里告诉大家一个优秀的学习 IT 知识的网站——"实验楼"，这个例子就来自该网站。

这个"大白"的源码可以通过网址 https://www.shiyanlou.com/courses/328 获得，也可以在本书附录 B 的在线资源中找到。

还有一个有意思的例子，也是使用 CSS（当然还有更基本的 HTML）制作的，就是如图 3-43 所示的可爱的小黄人。这个例子是包含动画的，当然，也是用 CSS 做出来的动画——三个小人的眼睛、Jerry 的手、Evil 的嘴都会动，是不是很可爱？

图 3-43　用纯 CSS 打造的小黄人

这个例子是 Amr Zakaria 做的。感兴趣的读者可以从 http://cssdeck.com/labs/minions-css 网址中获取源代码。代码量约为 2400 行（其中 HTML 代码约 270 行，剩下的都是 CSS）。

与网络中用到的绝大部分技术一样，CSS 本身也在不断地发展。现在最新的、仍在不断完善的标准是 CSS3（可以理解为第三个版本的 CSS）。在发展的过程中，兼容性问题肯定会存在并且必须得到重视。例如，不同的浏览器及其不同的版本对 CSS3 的支持程度都会不一样。所以如果想用最新的 CSS3 实现一些很炫酷、很新颖的效果，在某些浏览器中可能会无效。

本章我们主要学习了 HTML 语言和 CSS（也可以称作一种语言）。其实这两种语言的关系是密不可分的（内联样式更是把 CSS 完全融进了 HTML），在形式上分开的重大意义就是实现了内容和外观的分离，从而提高了工作效率，也为更大程度地发挥 HTML 和 CSS 的作用创造了条件。

类似的分离，在网站技术领域是一个很常见、也很重要的优化网站性能的方法，如动静分离、前后端分离等。相信随着学习的不断深入，对分离的意义也会有更加深刻的理解。

3.4　Markup 与 Markdown

本章学习了超文本标记语言 HTML 的知识，喜欢动脑筋的同学自然而然地就会想到一个问题——那是不是还有别的标记语言？

是的！计算机科学家们发明出来的标记语言有很多种，HTML 只是众多标记语言中的一种，当然，是使用非常广泛的一种。另外一种被广泛使用的标记语言是可扩展标记语言（Extensible Markup Language，XML）。

一般来说，标记语言（Markup Language）是一种将文本（Text）以及文本相关的其他信息结合起来，展现出关于文档结构和数据处理细节的一种编码方法。实际上，一切以文本的形式保存的数据格式都可以理解为一种标记语言，例如著名的 SVG 可缩放矢量图形，也是万维网联盟制定的、基于可扩展标记语言的用于描述二维矢量图形的一种图形格式，当然，也是一种开放的标准。

"标记"（Markup）这个词来自传统出版行业的一种历史悠久的做法，就是"标记"一个手稿，也就是在原稿的边缘加注一些特定的符号来指示印刷排版等方面的要求。长期以来，这个工作都是由专门的"标记人"（Markup men）以及校对人员来进行，在原稿上标示出使用什么样的字型、字体以及字号，然后再将原稿交给专门的排版工作人员进行手工的排版工作。

随着计算机技术的发展，在不同计算机、系统、组织间交换数据的情况越来越多，为了促进数据交换和操作，在 20 世纪 60 年代，IBM 公司的研究人员通过大量的研究得出了一个重要的结论：要提高系统的移植性，必须采用一种通用的文档格式，这种文档的格式必须遵守特定的规则。这些专家基于他们的研究成果，创建和完善了通用标记语言，将其称为"标准通用标记语言"。1986 年，标准通用标记语言被国际标准化组织（ISO）所采纳，它的功能非常强大，但是非常复杂，需要许多昂贵的软件配合运行，因此在很长一段时间内没有被推广。

1989 年，以蒂姆·伯纳斯·李为首的欧洲粒子物理实验室（CERT）的科学家们创建了一种基于标记的语言 HTML，它可看作是标准通用标记语言的简单应用,从此就有了我们今天随处可见的万维网。

可以毫不夸张地说,没有标记语言就没有 Web 和丰富多彩的互联网。但是,创造了 Web 的 HTML 语言也并非尽善尽美,存在诸如难读、难写、难以向其他格式转换等多个问题。究其根源,是因为 HTML 语言是一种"重标记"语言,对机器友好而并非对人友好,也就是机器(程序)处理起来很方便,但人阅读或编辑起来很不方便(相信大家在前面的学习过程中已经有所体会)。对于少量的、简单的网页还可以用文本编辑器直接编辑 html 文件,稍微大一点的网站或者数量较多的 html 文件,再使用文本编辑器进行编辑和修改就成了一件让人崩溃的事情。

随着 Web 的普及和发展,世界各地的程序员们开发出了多种旨在提高 html 文件编辑效率的工具,其中有些已经走进了历史的垃圾堆,有些则被大家广泛接受并得到了长足的发展,其中最典型的就是"轻量级标记语言"。

很容易理解,相对于 HTML 这种重量级标记语言,轻量级标记语言就是指"语法更简单的标记语言",其具有以下特点。

- 它使用易于理解的格式标记,没有古怪的"< 标签 >"。
- 可以使用最简单的文本编辑器编辑。
- 非技术控也可以轻松地直接阅读源码。

当然,这种轻量级标记语言还有一些其他的优点。

原来的那种重量级的"标记语言",英文用的是 Markup 这个单词,那么这种轻量级的标记语言在英文中应该怎么称呼才好呢?

是的,和 up 对应的就是 down。现在互联网上最流行的写作语言就是一种名为 Markdown 的轻量级标记语言,它是由伟大的程序员约翰·格鲁伯(John Gruber)发明的。

Markdown 诞生以来的十多年里,越来越多的网站上的内容都是用这种语言撰写,然后再由程序自动转换成 html 文档的,甚至这种转换有时候是"飞行中的转换"。什么意思呢?就是网站上存储的文件并不是传统的 html 文档,而是使用 Markdown 语言制作的 md(或者 markdown)文档,在浏览器请求的时候,服务器临时把它转换成 html 格式再发给浏览器。这些使用 markdown 语言进行撰写的人员中有很多对计算机方面的知识掌握得并不多,但正是因为这种轻量级标记语言易学易用的优点，使得他们可以经过简单的学习就能很方便地使用了。

这么好的语言，你是不是也很想学？

可以参照本书"附录 C Markdown 简介和使用"的内容安装软件并练习一会儿就可以了。下次你再看到一个文件名后缀是".md"的文件，很可能它就是用 Markdown 这种语言撰写的。

第 4 章

让我们的网站动起来

前面讲过，CSS 可以用于制作一些简单的动态效果。但是由于浏览器对 CSS 比较新和比较高级的内容支持得并不是非常统一，所以很少有网站用 CSS 实现动态效果，而是采用另外一项更强大、被各种浏览器支持得更好的、更标准化的技术，一门世界上非常流行的编程语言——JavaScript。

本章我们要学习的主要内容就是这门可以让网页动起来的 JavaScript 编程语言。

通过前面的学习，我们了解了网站的开发工作大致可以分为两部分：一部分是浏览者通过浏览器可以看到的，这部分被称作"前端"；还有一部分是在服务器上运行，负责与前端配合的，被称作"后端"。

如图 4-1 所示，JavaScript 和 HTML、CSS 一起，被称为当今 Web 前端开发的"三剑客"。三剑客各有所长，互相配合。HTML 负责定义网页的内容，CSS 负责描述网页的布局和外观，而 JavaScript 则负责网页的行为。

图 4-1　三剑客

　　HTML 和 CSS 虽然也可以叫作"语言"，但确实还称不上"编程语言"，因为它们就不是为编程而产生的语言。而 JavaScript 就不同了，它是一门真正的编程语言，甚至可以说是当今网络上最流行的编程语言之一。这门语言的作用，就是让网页上的内容可以动起来，可以与浏览者进行互动，从而带给浏览者更丰富、更加难忘的体验。

4.1 做网站的"导演"

　　当今世界上著名的大导演你都听说过谁？你最喜欢他们的哪些作品？

　　有没有想过，导演是怎么工作的？他们在拍一部电影、电视剧，或者广告片之前，最基本的准备工作是什么？

　　有一句玩笑话，叫作"不会摄像的编剧不是一个好导演"。虽然是玩笑话，却把导演的工作描写得非常到位。

　　导演要懂摄像、懂剧本，而导演最重要的工作，就是指挥表演现场和非现场的所有人、物、环境等各种要素，让这些要素根据导演的拍摄脚本互相配合，最终完成一部作品，如图 4-2 所示。

　　从这个角度来说，做网页和当导演很类似，首先要掌握网页涉及的各个要素，也要让这些要素可以根据我们的要求互相配合，从而表达出我们希望这个网页向浏览者传递的内容或效果。

图 4-2　导演是影视剧作品的灵魂

如果我们了解导演的工作，那么一定知道"脚本"这个词。

脚本就是一份拍摄现场的作战计划。例如，基本的文字脚本可能像表4-1所示这样。

表 4-1　影视剧脚本

镜号	景别	技巧	时长	画面	解说词	音乐	效果	…
1	近－全	推	5'	一块大石头	这是块独特的大石头	舒缓	…	…
2	全	晃	10"	石头爆炸	突然山崩地裂，石头biu地一声炸开啦	激烈	…	…
3	中－近	摇	1'	一只猴子蹦上天	石猴出世	欢快	…	…
…	…	…	…	…	…	…	…	…

有了脚本，导演就可以指导演职人员在什么时间、什么地点、做什么。

制作网站也是一样，要了解服务器的情况，要收集用于制作网页的原始内容和素材，要设计网页之间的逻辑关系，要设计版面并按照设计摆放各种素材。另外，动态内容越来越受欢迎，还要针对浏览者的心理设计网页的动态效果，思考浏览网站的人会做什么，如单击鼠标、敲键盘等，那么对应地，还要考虑网页应该在什么时候变化颜色、什么时候更换图片、什么时候跳出文字等，是不是有些像导演的工作？

而支持我们实现这些动态效果的，就是三剑客中最后一位出场的高手——JavaScript。就像其名字中script这个词的意思一样，这就是脚本——网站的脚本。也就是说，这是一种脚本语言，它的价值和作用就是为网页增加动态功能。

接下来，就让我们通过几个简单又好玩的实例，来学习这门互联网上非常流行的、简单而又强大的网页脚本语言。

4.2　前台是给观众看的，当然不能死气沉沉

一个网站，凡是要展现给浏览者看（包括听）的部分，就叫前端。就像一

个舞台，后台是观众看不到的，而前台是要展示给观众的。既然是前台，就不能死气沉沉的，不然就没人爱看了。

而要让网站的"前台"动起来，最佳的选择就是 JavaScript。

4.2.1 演员各就各位，Action

导演需要脚本，而 JavaScript 就是一种脚本语言。所以，在学习 JavaScript 的时候，我们就变身为大导演，而我们的演员、道具、场景等要被指挥的内容，就是在浏览器中一切可见的东西。而发号施令所用的语言，就是 JavaScript。当把所有的演员、道具、场景以及最重要的"脚本"都准备妥当之后，只要听到 Action 指令，一切就会按照预先的设定启动。而这个 Action 指令，其实就是浏览器打开我们准备的页面。

下面，我们看一个简单的例子，如图 4-3 所示，在自己的计算机上创建并测试这个页面文件（也可以在本书附录 B 中附带的地址去找源代码，这个例子的文件名是"js1.htm"）。

```html
1  <!DOCTYPE html>
2  <html>
3  <head>
4  <meta charset="utf-8">
5  <title>趣味JavaScript（一）</title>
6  </head>
7  <body>
8      <p onmouseover="this.innerHTML='貌似来了一只鼠标！'"
9  onmouseout="this.innerHTML='鼠标鼠标你怎么走啦？！'">
10     这是一个神奇的段落，不信你就试试。</p>
11     <br>
12     <p onclick="alert('走开！我不喜欢鼠标！')">
13     这是一个脾气不好的段落，你再试试？</p>
14 </body>
15 </html>
```

图 4-3 JavaScript 示例代码 1

要注意其中的标点符号，凡是在 HTML 语法中有意义的符号一定要用英文的。

用浏览器打开这个页面，把鼠标指针移动到第一个段落上，观察发生了什么？

然后再到"这是一个脾气不好……"的段落上单击一下，看看又会发生什么？

一定要在自己计算机上创建并测试之后再往下看。

小白实在忍不住了："老师，老师，我怎么没找到脚本在哪儿啊？"

清青老师赞许地点点头，说道："脚本有复杂的也有简单的，这个例子中的就是最简单的脚本，它们就是 <p> 元素中 onmouseover=、onmouseout=、onclick= 这几个等号后面的那几串字符，简单吧？"

其等号后面的几串字符的作用就是告诉浏览器要做什么，它们有一个非常重要的、共同的名字，就是"语句"。也就是说，它们都是 JavaScript 这个脚本语言中的"语句"。计算机编程语言中的一个语句就是一条指令、一条计算机要去忠实执行的指令，我们就是用这些语句指挥计算机完成我们想要它完成的动作。或多或少的语句放在一起，就组成了常说的"程序"。

这就是 JavaScript 的简单用法，当然，一般比较简单的脚本才会这样用。

但是，这个简单的脚本演示了一个重要的、也是常用的知识点，就是"事件"。

第一个段落使用了两个事件：鼠标移动到段落上（on mouse over）和鼠标从段落离开（on mouse out）。当发生这两个事件的时候，这个段落的内容就会被改变。

第二个段落使用了另一个事件，就是用鼠标单击这个段落（on click），这次事件发生后执行的就不是改变段落内容了，而是弹出一个窗口。这个弹窗也是开发调试 JavaScript 时常用的一个句子。

除了这个简单的用法，复杂一些的就是把或多或少的 JavaScript 代码放到 <head> 或者 <body> 里面，当然，也可以两个地方都放。一般习惯上 <head> 里面的代码自己不会执行，而是等着被调用，放在这儿还有一个好处，就是避免干扰页面内容；而 <body> 里面代码则会被执行。

为了避免不太智能的浏览器犯错，需要把 JavaScript 脚本明确标记出来，用的就是 <script></script> 标记对，具体的代码就放在这一对标记之间。当然，这个标记对可以在网页中多次出现，只要需要就可以使用。只要浏览器看到这一对标记，就知道这是脚本，然后按照脚本的要求去执行具体动作就可以了。

图 4-4 所示是一个在 htm 页面的 <head> 和 <body> 中插入 JavaScript 代码的例子。

```html
1  <!DOCTYPE html>
2  <html>
3  <head>
4  <meta charset="utf-8">
5  <title>趣味JavaScript（二）</title>
6      <script>
7          function myFunction()
8          {
9              var d=new Date();
10             var t=d.toLocaleTimeString();
11             document.getElementById("demo").innerHTML="你点鼠标的时间是:"+t;
12         }
13     </script>
14 </head>
15 <body>
16 <h1>我的JavaScript</h1>
17 <p id="demo">这本来是一个普普通通的段落</p>
18 <button type="button" onclick="myFunction()">点一下试试？</button>
19 </body>
20 </html>
```

图 4-4　在 htm 页面的 <head> 和 <body> 中插入脚本（js2.htm）

这个例子涉及的其他知识点我们先不讲，只要明白 JavaScript 代码在 htm 文件中怎么摆放就可以了。当然，这个例子也要亲自动手试一试。

更复杂的、可能被多个页面使用的代码，还可以像外部样式表那样，单独存放在另外一个文件里。这个外部文件的名称后缀就用 ".js"。例如下面这行代码就是调用保存在外部文件 myScript.js 中的 JavaScript 代码。

<script src=" myScript.js" ></script>

4.2.2 鼠标鼠标，你不要乱跑

我们在操作计算机时，99% 的时间使用的都是图形化界面（GUI），而图形化界面中非常重要的一个要素就是鼠标。我们常用的浏览器当然也都是图形化操作界面（真的有一个非常著名的文本字符界面的浏览器，叫作 lynx，猞猁的意思，不过平时一般用不到），对鼠标当然有很强的依赖性。

下面，通过一个简单的示例来了解 JavaScript 中对鼠标的使用。如图 4-5 所示，这个示例（js3.htm）用于实时显示鼠标指针的位置。

```
1  <!DOCTYPE html>
2  <html><head>
3  <meta charset="utf-8">
4  <title>趣味JavaScript（三）</title>
5  <script>
6      function showPosition()
7      {
8          var e = event || window.event;
9          document.getElementById("demo").innerHTML="鼠标在家，坐标是:"
10             +e.screenX+","+e.screenY;
11     }
12     function mouseOut()
13     {
14         document.getElementById("demo").innerHTML="鼠标不在家，出去疯去了！"
15     }
16 </script>
17 </head>
18 <body onmousemove="showPosition()" onmouseout="mouseOut()">
19 <h1>我的JavaScript</h1>
20 <p id="demo">这本来是一个普普通通的段落</p>
21 <p>到处移动鼠标试试？</p>
22 <div style="height:300px"></div><hr>
23 </body></html>
```

图 4-5　实时显示鼠标指针的位置

在第 5 ~ 16 行，在 <head> 里插入了一段 JavaScript 代码，定义了两个函数，一个用于显示鼠标指针的位置（只有鼠标在浏览器当前这个文档窗口中时才有效），另一个是鼠标移出当前窗口时调用的。

如果你学过其他的编程语言，那么对函数这个概念一定不会陌生。如果没学过也没关系，后面我们还会对这个概念进行讲解。简单地说，函数就是功能（function）。为了避免低效率的重复，将需要重复用到的功能程序代码打包成函数，什么时候需要这个功能，直接调用它就可以了。

在第 18 行，我们为 <body> 指定了两个事件发生时要执行的动作，分别是上面的两个函数。

第 22 行的 <div> 是为了适当扩大当前文档窗口的有效高度，横线可以看作是下面的边界。

大家一定要在计算机上试一下。当鼠标在浏览器窗口内移动时，鼠标指针的坐标就会实时地显示出来。当鼠标指针移出浏览器窗口时，浏览器也会有相应的显示。

这个例子只是用于简单显示鼠标指针的位置。很多时候，这个位置可以起到非常大的作用。例如，类似大鱼吃小鱼的小游戏，就是通过这个坐标值来控制鱼的位置和移动的。

让我们再做一个疯狂的小实验，在原来的第 11 行增加如下新的代码（js3a.htm）。

```
document.body.bgColor="#"+e.screenX+e.screenY;
```

保存文件后在浏览器中刷新页面，会发现随着鼠标的移动，浏览器文档窗口的背景颜色会疯狂变化。当然，这个改变背景颜色的方法效果并不好，因为只是简单地把坐标值拼在一起当作颜色值。可以改成如下复杂一点儿的代码（js3b.htm）。

```
document.body.bgColor="rgb("+e.screenX % 255+","+e.screenY % 255+",0)";
```

再试一下，慢慢地横着、竖着、斜着移动鼠标，会发现这次可以更好地控制颜色了，因为这一次使用了 rgb(r,g,b) 函数来生成颜色，利用鼠标指针的横坐标和纵坐标来决定红色和绿色的分量，而对于三原色的另一个颜色蓝色，将其指定为 0，当然也可以随意修改，或者也用坐标值来控制。

那么你知道 "% 255" 是什么意思吗？

4.2.3　看我七十二变

先看一幅图，如图 4-6 所示，很炫酷吧！

图 4-6　炫酷的"疯狂触手"

在这个例子中，有一个神奇的小章鱼，它的触手不但会优雅地摆动，而且会变幻出奇妙而炫丽的颜色。

这是一个昵称为 ForCherry 的网友制作的 JavaScript 实例，这位网友也很有开源精神，把自己制作的好玩的程序开放出来供大家欣赏、学习。接下来，我们就花点时间把它部署在我们的网站上。

（1）在著名的 github 网站上找到这个作品，网址为 https://github.com/ForCherry/crazy–tentacles。

（2）在右边找到并单击绿色的 Clone or download 按钮，然后单击 Download ZIP，如图 4-7 所示。

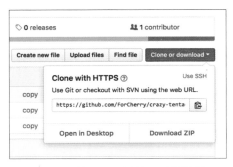

图 4-7　从 github 网站上下载源码

（3）把下载的 zip 文件解压到网站根目录，把解压生成的子目录名改成自己喜欢的名字。

（4）用浏览器打开里面的 index.html 文件。

单击一下鼠标，这个炫酷又变幻莫测的触手就会开始不断地在屏幕上涂鸦，再单击下鼠标就会重新来过。

4.3　脚本，也是一门语言

可以将各种计算机语言分成不同的类别。当然，至于如何分类，并没有一个严格的标准。前面我们学习的 HTML 是一种用于信息存储、传送并最终通过浏览器向人们展现的语言，而接下来我们要深入学习的 JavaScript，则是一门真正的编程语言，也就是用来编写程序，实现各种更复杂、逻辑性更强的功能的。

事实上，如果你学过任何一种计算机编程语言（高级语言，如 Python），便可以很容易学会 JavaScript。因为所有计算机编程语言的核心内容都是类似的，语法、关键字、数据类型、常量、变量、运算符、循环、判断、分支、函数、注释等，这些几乎每种编程语言都会有，也都类似。只不过 JavaScript 更针对浏览器这个执行环境，有一些自己独特的内容而已。

如果你没有学习过其他的编程语言，也没有关系。你会发现学习 JavaScript 并不难。

在进一步讨论 JavaScript 之前，先看看它相对于其他编程语言的独特之处。

最根本的，就是 JavaScript 运行在浏览器上。JavaScript 代码以不同的形式插入 HTML 源码中，浏览器读取后除了显示 HTML 各种标记中的内容之外，还会忠实地执行 JavaScript 代码。

另外，作为一种脚本语言，JavaScript 和其他脚本语言一样，也是一种解释型语言——源码就是直接可以执行的代码。

特别需要强调一点：JavaScript 语言是区分大小写的，如变量名 number 与 Number 以及 nUmber 代表的是各不相同的变量。

4.3.1　JavaScript 基础和编程练习环境

前面我们已经了解了 JavaScript 的基本使用方法，那就是：

- 可以通过标记对 <script> </script> 嵌入 html 文件中，可以嵌入头（head）里，也可以嵌入身体（body）里。

- 可以单独保存为 *.js 文件在 html 文件中调用，用的还是 <script> </script> 这一对标记，不过要使用 src 属性指明 js 文件的具体位置。

JavaScript 程序是由浏览器执行的，执行的结果也出现在浏览器里。在真正动手编写自己的 JavaScript 代码之前，我们还需要了解并牢记以下基础知识。

- JavaScript 是区分大小写的。

- 与 HTML 类似，JavaScript 代码中的空白（一个以上的连续空格）是给人类看的，计算机（或者具体说就是浏览器）在执行时，多个连续的空格和一个空格是没有区别的。

- 对于负责执行 JavaScript 代码的浏览器来说，任何多余的空格都是没有意义的，有时候甚至一个空格都是多余的；当然，可能会方便人们阅读。

- 任何计算机语言都支持注释，当然，注释也是给人类看的，计算机在执行时根本不理会代码中的注释。JavaScript 使用的注释标记有以下两种。

  - 单行注释，标记是"//"，也就是两个紧挨着的斜杠（注意斜杠的方向），单行注释的意思就是只在一行内有效，从这两个斜杠一直到这一行的结尾，计算机都会当成注释。一般都是在某行特殊的代码后面使用这个单行注释进行一些简单的说明。

  - 多行注释，开始的标记是"/*"，结束的标记是"*/"，也就是说在这两个标记之间，可以使用很多行，写很多内容。一般用在一大段代码的开始部分。

- 在编写 JavaScript 程序时，可将多个简短的语句放在一行里，不过在这些语句间必须使用英文的分号（;）进行分割；如果一行只有一个语句，就可以不要这个分号（当然，使用分号是一个很好的习惯）。

提示：

学习任何计算机编程语言时，都要注意的是，标点符号一定要使用英文输入法进行输入，否则就很容易出错。

所有教编程的老师都会说：练习是学习编程最好的方法。只有通过不断地练习编写各种各样的程序（包括游戏），才能真正地学会编程。

那么对于 JavaScript，应该怎样练习呢？或者说应该怎样准备练习的环境呢？

第一种方法，就像本书前面讲的，把 JavaScript 代码保存到 html 文件中，然后用浏览器打开这个 html 文件，就可以看到 JavaScript 代码运行的结果了。

可是这种方法很麻烦，每次都要保存文件，然后到浏览器里打开，如果出错还要再回到编辑器里修改、保存，然后再到浏览器里打开。有没有一种更方便的方法呢？当然有了！

第二种方法，就是使用浏览器。网上有很多非常好的 JavaScript 学习网站，这些网站大都提供了方便的练习 JavaScript 编码的网页，只需要用浏览器打开其中一个网页，就可以在这个网页上练习 JavaScript 代码编写了。

下面使用著名的"菜鸟教程"网站（www.runoob.com）进行练习。用浏览器打开以下地址：

http://www.runoob.com/try/try.php?filename=tryjs_syntax_numbers

图 4-8　使用"菜鸟教程"网站练习 JavaScript 编码

打开如图 4-9 所示的网页，在左侧的"源代码"框里输入 HTML 和 JavaScript 代码（别忘了 JavaScript 的基本使用方法就是嵌入网页中），然后单击"点击运行"按钮，就可以在右边的"运行结果"框里看到运行结果了。

先仔细看看左边框里的源代码：

在 <body> 标记之后，首先使用 <p id="demo"></p> 定义了一个段落，这个段落的 id 就是 demo。

在 <script></script> 标记之间，就是 JavaScript 代码。在这个例子里，代码只做了一件事，就是把上面定义的那个段落的内容改成了一个数。

还记得我们在学习 html 文档的时候说的那棵大树吗？ html 文档中的各个元素就是大树的各个枝叶（大树的根就是文档本身）。在这里，就是通过 getElementById 找到 id 为 demo 的那个元素，然后修改它的内容。这就是"文档对象模型（DOM）"。

以后再练习 JavaScript 代码时，就可以在这个页面的"源代码"框里输入要练习的代码（就在 <script></script> 标记之间），然后单击"点击运行"按钮就可以了。

很方便吧？

如果你想在上网不方便时也用这个方法练习，可以将附录 B 所提供的服务器上的 jstrain.html 文件保存在自己的计算机上，其和菜鸟教程网站上的练习环境是一样的，区别是不需要上网，这样就可以随时练习了。

另外，随着学习的深入，你也可能会喜欢上第三种方法，就是常用的浏览器都会提供的"JavaScript 控制台"。

先来看看最常见的 IE 浏览器，打开 IE 后按功能键 F12，或者用鼠标单击小齿轮图标，然后在弹出的菜单中选择"F12 开发人员工具(L)"，如图 4-9 所示。

切换到网页下方的"控制台"，值得强调的是最下面的灰色代码输入框，前面的大于号＞就是输入提示符。在这里可以输入简单的代

图 4-9　打开"开发人员工具"

码，按 Enter 键后代码就会直接运行。例如，输入"3+8"，按 Enter 键后运行结果就显示出来了。如果觉得一行太窄了，可以单击最右侧的按钮切换到多行模式，如图 4-10 所示。

图 4-10　IE 浏览器的 JavaScript 控制台

改成多行模式（见图 4-11）之后，就可以输入更复杂、更多的代码了。不过有一点需要注意，由于输入区变成了多行，Enter 键的作用也就不再是执行代码，而是变为换行。在多行模式下如果要运行代码，除了单击"运行"按钮 ▶ 外，还可以使用 Ctrl+Enter 快捷键。

图 4-11　控制台的多行模式

接下来看看谷歌的 Chrome 浏览器。如图 4-12 所示，同样从菜单中选择"开发者工具 (D)"菜单项（在"更多工具 (L)"子菜单下），或者按 Ctrl+Shift+I 组合键。

打开开发者工具之后，切换到 Console（即"终端"，和"控制台"是同义词）。其同样使用大于号">"作为输入提示符，我们可以在这个符号后面输入代码，然后按 Enter 键执行。不过比 IE 更人性化的是 Chome 使用了小于号＜作为输出的提示符。

图 4-12　Chrome 浏览器的 JavaScript 控制台

　　另一个常用的浏览器 Firefox（火狐），也可以使用和 Chrome 同样的快捷键 Ctrl+Shift+I 调出开发者工具。在提示符方面，Firefox 比 Chrome 做得更好，代码输入框、用户输入的代码、输出都使用了不同的提示符，一目了然，如图 4-13 所示。

图 4-13　Firefox（火狐）浏览器的 JavaScript 控制台

4.3.2 JavaScript 的数据类型、变量和保留字

做好了一切必要的准备，下面让我们正式开始学习 JavaScript！

在计算机上编程，其实质就是操作各种类型的数据。

什么是数据？什么又是数据类型？很多初学计算机编程的同学对这些概念都很模糊。

例如，我们每个人都有名字，其实每个人的名字就是一种数据（不管是英文名还是中文名），都是由几个字符连在一起的。这种不定数量的字符连在一起，在计算机领域就有了一个特定的名称——字符串（String）。

而一个字符串中字符的个数，就是这个字符串的长度。例如，某个人的名字是"张三丰"，那么就可以说代表这个名字的字符串长度是 3；当然，还有人的名字只有两个字，那么字符串的长度就是 2。那么有一个字都没有（也就是零个字）的人名吗？当然没有，一个字都没有又怎么用作名字呢？

而对于计算机上的字符串，一个字符都没有的字符串却很常见，这就是空字符串，或者说长度为零的字符串。

刚才说的长度，其实又涉及另外一种数据类型，就是数字。我们在数学课上早就学过，数字有整数、小数（分数），又有正数和负数，甚至还有非常特殊的无限不循环小数"π"、无穷大等这些神奇的数字。

不过很令人高兴的是，在 JavaScript 这门语言中，数字只有一种类型，就是各种类型的数字到了 JavaScript 中都是数字（Number），我们不用再费心地去区分了。

还有一种数据类型，是学习计算机编程必须要明白的，就是"逻辑值"，又叫"布尔值"，我们在日常生活中其实也经常碰到这种数据类型。

在 JavaScript 中，布尔型数据的值有两个：true 和 false。"是、有、真的"等这些肯定性的说法可以说都对应的是 true，而"否、没有、假的"等这些否定性的说法对应的就是 false。

喜欢刨根问底的小白又忍不住问道："那'布尔'这两个字到底是什么意思呢？"

"非常好的问题！"清青老师很喜欢小白的提问。"布尔"这两个字其实是

一个外国人名的中文翻译，确切地说是他的姓。这是一位生活在 19 世纪的重要的数学家，即英国人乔治·布尔（George Boole），他对我们人类文明的一大贡献就是逻辑学。这也是现在计算机编程语言中布尔值(Boolean)这个名字的由来，也是为了纪念这位伟大的数学家（图 4-14）。

图 4-14　数学家乔治·布尔

　　除了上面说的字符串（String）、数字（Number）、布尔（Boolean）这 3 种最基本的数据类型外，还有更多更复杂的数据类型。

　　例如，将多个数字放在一起不是相加或者相乘，而是组成一个"小组"，就被称为数组（Array）。多个字符串也可以组成一个"字符串数组"，我们多位同学也可以组成一个"人的数组"——如班、小组、年级等这些集体。数组中的每个成员都有自己的编号（就像我们每位同学都有自己的学号一样）。

　　在 JavaScript 这门语言中，还有两个比较特殊的数据类型：一个是"未定义（Undefined）"，表示在程序中还没有明确定义。这还算容易理解，另外一个就有些费解了，就是"空（Null）"。简单来说，空就是没有，比如说一个长度为 0 的字符串，虽然一个字符都没有，但它仍然属于字符串这种数据类型。而"空"就不一样了，它连字符串都不是，当然也不是数字或者其他类型——它连类型都没有！

　　弄明白了数据类型，接下来我们再来看看"变量"。

　　什么是变量？大家在数学课上都学过未知数（一般会用 x、y、z 来代表），一个未知数 x 可以代表任何数字。类似地，在编程时，我们经常会采用一个名称来代表某一个有明确含义的数据（包括数值、字符串、布尔值等）。另外，为了阅读和调试的方便，一般会将这个名称起得长一点儿，例如，可以用 AgeOfXiaoming 代表小明的年龄（今年 12 岁），在 JavaScript 语言中，则写成以下样式。

var AgeOfXiaoming=12;

开头的 var 是 variable 的缩写，表示要定义一个变量；后面跟着的就是这个变量的名称 AgeOfXiaoming（与 var 之间要用空格隔开，注意，这里必须有一个空格，当然，输入多个空格也没关系）。要注意这个名称在程序中使用的时候，一定要做到大小写一致，否则就代表了两个不同的变量。例如，AgeOfXiaoming 和 AgeofXiaoming 就是两个不同的、没有任何关系的变量。这也是很多初学者容易犯错误的地方。

再继续看这条语句，变量名后面的等号"="表示赋值，就是把一个具体的值赋予等号前面的变量，等号后面就是具体值。

需要特别注意的是，在计算机编程语言里，等号"="的含义和我们在数学课上学习的等号是不一样的，在上面这个语句中，等号的含义是"让变量 AgeOfXiaoming 的值变成 12"。

语句最后的分号代表这条语句的结束。如果在这一行后面不再添加其他的语句，也可以省略这个分号。需要注意的是，这个分号一定是英文格式下的分号，如果不小心在中文输入法中输入了分号，也会导致程序出错，并且很难察觉。

其实大多数程序员都喜欢写成下面这种形式。

var AgeOfXiaoming = 12;

等号前后各加了一个空格，是不是看着更顺眼一些？尤其是在大段的代码里，这种写法看起来确实比上面那种写法要显得更清晰易读。当然，这两个空格对于计算机（或者说负责执行代码的浏览器）来说是多余的，会被自动忽略，但对于人们阅读代码却很有好处。

练习：

打开图 4-8 所示的练习代码的网页，在左边的"源代码"框中找到 <script>

</script> 标记，把标记中的内容改为：

　　var AgeOfXiaoming = 12;

　　document.getElementById("demo").innerHTML = AgeOfXiaoming;

然后单击"点击运行"按钮，看看运行后的效果。

你可以修改一下变量名称，故意把大小写弄错再试试。

前面我们定义了一个数值型变量，在定义的同时把一个数值赋予了它，所以它就成了一个数值型变量。接下来我们再定义一个变量：

　　var Name;

这次只是定义了一个变量，没有给它赋予任何值，所以到现在为止这还是一个空的变量，因为它还没有任何值（或者说它的值是"空"）。

接下来再给它赋值，当然还是要用上面提到的那个等号"="：

　　Name = "Xiaoming";

这样，刚才定义的变量 Name 就有了一个值，这个值就是字符串 Xiaoming。这里需要特别注意以下几点。

●　字符串需要用引号引起来，单引号双引号都可以，但前后必须一致。

●　引号必须是英文输入法下的引号；

那么问题又来了：如果想在字符串中使用引号怎么办？

第一个办法就是利用 JavaScript 允许用单引号或双引号指明字符串值的这个特性，指明一个字符串必须前后都用一样的引号。如果想在字符串中使用单引号，那就用双引号来指明这个字符串，就像下面这样：

　　Name = "Xiao'Ming";

反过来也一样，如果要在字符串中使用双引号，就用单引号来指明字符串，形式如下：

　　Name = 'Xiao" Ming';

关于变量，还有一点需要注意，就是变量的名称。这个名称可不是随便起的，它不能以数字开头，也就是说，像 2Name 这样的变量名是不合法的，即不符合 JavaScript 这门语言的语法。

小白看清青老师马上就要结束讲解，实在忍不住了："老师，老师，你刚才不是说在字符串中使用引号的方法是第一种方法吗？那第二种方法是什么呢？"

"小白同学真的是非常认真地在学习！"清青老师高兴得表扬了小白。

既然刚才说过那是第一种方法，当然也就会有第二种方法。那么第二种方法是什么呢？其实第二种方法有一个非常专业的名称，那就是——"转义"，说白了就是"转变原来的含义"这个意思。

在编程语言中，好几个标点符号都有着特殊的含义（或者说作用），例如，成对的英文单引号，前面的表示一个字符串的开始，后面的就表示字符串的结束。如果我们使用一种特殊的魔法改变它的含义，是不是很有用？

这个魔法就是"转义字符"，这个神奇的"转义字符"其实只是一个斜杠"\"。例如，使用转义的方法在字符串中使用引号，就可以这样来用：

```
Name = 'Xiao\' Ming';
```

当计算机看到斜杠时，就知道后面跟着的单引号并不是字符串的结束（这个单引号已经被转义了），还要继续往后寻找真正代表字符串结束的单引号。

需要进行转义的还有其他一些符号，如双引号、换行符等。

小白又按捺不住了："老师，老师，这个斜杠和前面说的表示注释的斜杠不一样啊！"

没错！我们一定要仔细看，这个斜杠是左上到右下的走向，一般又称为"反斜杠"。而表示单行注释的是两个连续的"正斜杠"，即右上到左下走向的。下面这条语句相信大家都看得懂了：

```
Name = 'Xiao\' Ming';              // 这条语句中使用了转义魔法
```

前面的那个反斜杠是转义字符，后面的两个正斜杠表示单行注释的开始。

小白的脑子转得飞快："老师，老师，如果我想在字符串中使用这个反斜杠，是不是也要转义啊？"

是的。由于反斜杠有着"转义"这个特殊含义，当我们不想让这个特殊含义发挥作用的时候，也需要对它进行转义。

例如，要在字符串中使用转义字符本身（也就是反斜杠），那就用两个反斜杠：

Name = 'Xiao\\ Ming';

第一个反斜杠是转义字符，告诉计算机后面的字符要转义，后面跟着的第二个反斜杠就变成了没有"转义"这个特殊含义的普通字符了。

另外一个经常使用转义字符的地方就是多行字符串。例如下面这个字符串在显示时就会被分成 3 行：

var test = ' 春眠不觉晓 \n 处处闻啼鸟 \n 夜来风雨声 花落知多少 ';

字母 n 本来没什么特殊含义，仅仅是显示一个字母而已。但对它使用了转义魔法之后，它就有了一个特殊的含义，即"换行"。

练习：

打开图 4-8 所示的练习代码的网页，在左边的"源代码"框中找到 <script></script> 标记，把标记中的内容改为：

var Name = "Xiaoming";
document.getElementById("demo").innerHTML = Name;

然后单击"点击运行"按钮，看看运行后的效果。
然后就可以在字符串中练习单引号、双引号、转义字符等的用法了。

4.3.3　JavaScript 的运算符和表达式

运算大家都学过，数学中的加、减、乘、除等都是运算。运算符也就是加号、减号、乘号、除号（+、−、×、÷）等用于运算的特殊符号，此外还包括括号（( )、[ ]、{ }），这些我们在数学课上都学过。

在计算机编程语言里，这些运算和运算符基本上都一样，只不过因为程序开发的需要，比我们在数学课上学的内容会多一些。接下来我们就看看 JavaScript 中用到的运算和运算符。

1. 加法运算符 "+" 和减法运算符 "−"

加减运算中的加号和减号：就是加法运算符和减法运算符。

先来看下下面这段小程序。

```
var x = 3;
var y = 2;
var z = x + y;
var a = x –y;
```

很显然，这时候 z 的值是 5，而 a 的值是 1，和我们一年级甚至幼儿园的时候学的算数没任何区别。

那么再看下面这段小程序。

```
var name = "Zhangsan";
var x = 5;
var z = name + x;
```

一个字符串加上一个数字？

在计算机程序中，尤其是在 JavaScript 程序中，这种用法很常见，它的结果就是 z 的值变成了一个新的字符串"Zhangsan5"。

计算机在执行这个加法运算时，发现参与运算的不都是数字，其中一个是字符串，于是就把数字也转换成字符串，然后和原来的字符串拼接在一起，作为结果赋值给了变量"z"。

当然，如果加号前后都是字符串就更简单了，连转换也不需要了，直接拼接就可以。例如，"Zhangsan"+"Zhangsan" 的结果就是 "ZhangsanZhangsan"。

注意，减号没有这个作用，其只能用于两个数字的运算。

另外，计算机相对于人类的优势就是简单重复的计算能力，而在程序控制简单重复的计算时,经常会用到每次对一个变量进行 +1 或者 –1 的计算。而像"x = x + 1"和"x = x – 1"这种语句写起来较烦琐，于是就出现了"x++"和"x--"这种写法。这里"x++"与"x = x + 1"是完全等效的,同样"x--"和"x = x – 1"也是完全等效的。

这就是加号和减号的另外一种用法，叫作"自增"或"自减"。

2. 乘法运算符 "×" 和除法运算符 "/"

几乎所有计算机编程语言中，乘法运算符用的都是 "*"，而除法运算符用的就是"/"。

虽然很简单,我们还是看几个小例子加深一下印象吧。

var x = 2 * 5;   // 结果就是 x 的值为 10
var x = 2 / 5;   // 结果就是 x 的值为 0.4

对于除法运算,有一点要说明一下,那就是余数。如果两个整数相除,被除数和除数不是整数倍的关系,运算结果就会出现余数或者小数。上面的小例子示意的是小数结果,可是有时候又需要余数,这时就会用到另外一种运算,即"取余",运算符为"%"。示例如下:

var x = 8 % 3;   // 结果就是 x 的值为 8 除以 3 的余数——2

"取余"在有的书上或文章里也可能叫作"取模"或者"模运算",说的是一回事。

3. 运算符的优先级

还记得数学课上我们学完加、减、乘、除后又学了什么吗?我想你一定还记得"先乘除,后加减"那句话。

是的,这就是运算符优先级的问题。JavaScript 在这个问题上和我们在数学课上学的一样,在运算时都是从左到右进行,先乘除,后加减,如果碰到括号,就先计算括号里面的表达式。

不一样的是,在 JavaScript 的算术表达式中,只有小括号"()",没有中括号"[]"或大括号"{}"。

中括号和大括号在 JavaScript 中有其他的特殊含义。那需要多层次括号的时候怎么办?很简单,用小括号套小括号就可以了,计算机会先计算最内层小括号里的表达式。就像下面这样:

var x = (1+3/(5+5))/2*(2+3/(4+6));

计算机在执行时的计算过程如下:

如果让计算机计算上面这个简单的算术题,有可能给出的结果并不是正确答案,而是接近正确答案的 1.4949999999999999 或 1.4949999999999998,这是由于这门语言在存储和处理小数的时候存在的一个小缺陷(精度受限),不过这基本不会影响我们使用和学习。

语句：var x = (1+3/(5+5))/2*(2+3/(4+6));

计算过程

	10		10
0.3		0.3
1.3		2.3
0.65
1.495

在几乎所有的计算机编程语言里，这个进行算术运算的做法都是一样的。

4. 赋值运算符

弄清了 JavaScript 中的加、减、乘、除运算和运算优先级之后，我们再来看看赋值运算符。前面我们说过，等号"="在程序里就是最常见的赋值运算符，例如下面的语句：

y = y + x;

它的含义就是把 x 和 y 的和作为结果值再赋予 y 这个变量。

这种做法在编写程序时用得很多，能不能再简化一下？于是就有了一些特别的赋值运算符：+=、−=、*=、/= 和 %=。这些绝对不能在数学作业或者数学考试的时候使用的赋值运算符是什么意思呢？我们先来说第一个。看看下面这两条语句：

y = y + x;
y += x;

这两条语句的效果是完全一样的，"−="和另外三个赋值运算符也是这样，例如下面这两条语句也是完全等效的：

y = y % x;
y %= x;

5. 比较运算

接下来，我们要学习一种和数学课上学的差异比较大的运算以及对应的运算符，那就是"比较运算"。

什么是比较运算呢？比如"2 > 1"（2 大于 1）是正确的、"2 < 1"（2 小于 1）就是错误的，这里大于号（">"）和小于号（"<"）就是两个经常用到的比较运算符，而这种比较大小的运算，就是比较运算中的一种。

大家平时在做作业或考试的时候，其实也经常进行比较运算，尤其是在做判断题或者选择题的时候，比较一下判断题说的和自己认为正确的描述是不是一致，这也是一个比较运算。

其他还有什么比较运算？

大于等于（"≥"）、小于等于（"≤"）、不等于（"≠"），是的，这 3 个也是。例如"5 ≤ 8"是正确的。可是这 3 个符号在计算机上也很难输入——键盘上没有！于是用 ">=" 代替 "≥"、用 "<=" 代替 "≤"、用 "!=" 代替 "≠"（在其他的计算机编程语言里，有些是用 "<>" 来表示 "不等于"）。

喜欢思考的小白又有问题了：那'等于'又该怎么办呢？等号已经被用于赋值运算了，y = x 的结果是将 x 的值给了 y，如果想判断 x 和 y 是不是相等该怎么写？

这是一个好问题，也只有像小白这样喜欢动脑子的同学才会在老师还没讲的时候能够想得到。这个问题也很容易：用两个等号！

于是，就有了一个新的比较运算符 "=="，"3 == 2" 是错误的，而 "2 == 2" 就是正确的。那 "3 = 2" 呢？对不起，按照前面我们学习的知识，这个语句是非法的。

练习：

打开图 4-8 所示的练习代码的网页，在左边的"源代码"框中找到 <script></script> 标记，把标记中的内容改为：

```
var Name = 3 >= 2;          // 你要是在数学作业上这么写，老师肯定不同意
document.getElementById("demo").innerHTML = Name;
```

然后单击"点击运行"按钮，看看运行后的效果。

显示结果是什么？没错，就是 true 这个单词。也就是说，"var Name = 3 > 2;" 这条语句的意思就是把 "3 >= 2" 这个表达式的结果作为值赋予变量 Name，而

这个结果就是一个布尔值（Boolean）true，因为它是正确的。

6. 逻辑运算

还有一种运算你可能在数学课上还没有学过，但是对编程特别重要，那就是"逻辑运算"。

逻辑运算其实也是一类我们天天在做的运算，举个例子，你每次吃饭这个动作在什么情况下会结束？吃饱了？吃完了？如果用编程的思维方式来描述，那就是：

如果"我吃饱了"或者"饭菜都被我吃光了"

那么"我吃好了"（也可以说"我不吃了""我吃完了"）

这儿的"或者"就是一种逻辑运算，它前面和后面的两个判断中只要有一个成立（也就是为真、true），那么这个逻辑运算的结果就成立。

当然，有人比较爱惜食物，即使吃饱了也不愿意浪费，要坚持把饭菜吃完，那么上面这段话就可以改成：

如果"我吃饱了"并且"饭菜都被我吃光了"

那么"我吃好了"

聪明的小白又有问题了："那如果饭菜都被我吃光了但是我还没吃饱，又该怎么办呢？"

"这也是一个很好的问题！"清青老师高兴地夸了夸小白，"你看，你的这个问题就代表着一个逻辑运算，就是前后两个判断只有在都成立的前提下，'并且'这个逻辑运算的结果才成立。如果前后两个判断只要有一个不成立，那么结果就是不成立（或者说叫假、false）。"

在 JavaScript 这个语言中，逻辑运算也有着专用的运算符，如表 4-2 所示。

表 4-2　JavaScript 逻辑运算符

运　算　符	描　　述	例子（给定 x=7、y=2）
&&	and	(x < 10 && y > 1) 为 true
||	or	(x==5 || y==5) 为 false
!	not	!(x==y) 为 true

在专业人员的语言中，and 的中文术语是"与"，or 是"或"，而 not 是"非"。其实在大多数编程语言中，逻辑运算符都是这几个。

4.3.4 JavaScript 程序流程控制

计算机程序之所以有用，就是因为它们能完成很多功能。而这些功能的实现，必不可少地就会用到条件判断、重复循环等流程控制的方法。

例如条件判断，就是"如果满足 A 条件，就执行某些动作，否则就执行另外一些动作"；或者"如果满足 A 条件，就执行某些动作，否则如果满足 B 条件，就执行另外一些动作，否则（也就是 A 和 B 都不满足）如果满足 C 条件，那就执行另外的其他动作，如此等等"。

重复循环更是计算机相对人类的巨大的优势。人类在做重复的事情时，很容易感到疲倦、无聊、烦躁，而计算机不会。循环的意思就是"如果满足 A 条件，就一直执行某些动作，直到 A 条件不再满足"或者"一直执行某些动作，直到满足 A 条件"。循环的例子在现实生活中也数不胜数，例如只要不放假并且没有特殊理由，我们就要每天去上学 / 上班。

条件和循环对于所有的计算机编程语言都是非常重要的基本功能，下面就看看在 JavaScript 这门语言中它们是如何实现的。

1. 最简单的条件：如果…就…

我们在英语课上都学过"如果"这个词的英文就是"if"，没错，在绝大多数编程语言中，用的就是这个词。在 JavaScript 中它的用法是：

if (条件) // 注意，这个括号也必须用英文输入法输入

　{

表示各种动作的语句

　}

也就是说，如果括号里面的条件满足（是真的、正确的、true），就执行后面大括号中的语句（不管是一句还是成千上万句）。如果条件不满足（是假的、错误的、false），就什么也不做，继续运行后面的代码（如果有的话）。

这里又出现了一个大括号"{ }"。任意数量的语句被大括号括起来，就成

为一个不可分割的整体,被称作一个"代码块"。如果这个代码块里只有一条语句,大括号也可以省略。还记得吗?如果一行中只有一条语句,连分号都可以省略。

如图 4-15 所示是一个具体的例子。

```
<!DOCTYPE html><html>
<head><meta charset="utf-8"></head>
<body>

<p id="demo"></p>
<script>
    var x="早上好! ";
    var time=new Date().getHours();
    if (time>8) {x="上午好! ";}
    if (time>12) {x="下午好! ";}
    if (time>20) {x="晚上好! ";}
    document.getElementById("demo").innerHTML=x;
</script>

</body>
</html>
```

图 4-15　条件判断练习代码

这个小程序会根据运行它的实时时间自动发出正确的问候。如果是凌晨 0 点到早上 8 点,它会说"早上好! ";如果过了早上 8 点但还没到中午 12 点,它会说"上午好! ";如果过了中午 12 点还没到晚上 8 点,它会说"下午好! ";如果过了晚上 8 点,它就会说"晚上好! "。

按照图 4-15,在图 4-8 所示的代码练习页面中输入代码(注意除了字符串之外,所有标点符号一定要用英文输入法输入),只需要替换 <body></body> 里面的内容即可。

语句 "var time=new Date().getHours();" 的作用是定义了一个变量 time,值就是当前的时间。

输入完成后单击"点击运行"按钮,观察程序运行效果。

2. 复杂的判断（多个条件的判断）

做完练习,小白不以为然地说:"这也太简单了吧？"

是的,上面那个例子虽然简单,但是很好地演示了条件判断的基本原理和使用方法。

并且这个程序编写得也不好，变量 x 首先默认被赋值为"早上好！"，如果到了晚上，在程序运行过程中它会依次被赋值为"上午好！""下午好！"和"晚上好！"，虽然最后的结果是对的，但明显前面几次赋值操作显得很没必要。

那么聪明点儿的做法是什么呢？

如图 4-16 所示这段代码就显得更聪明了一些。

```
<script>
    var x="早上好！";
    var time=new Date().getHours();
    if (time>20) {x="晚上好！";}
    else if (time>12) {x="下午好！";}
    else if (time>8) {x="上午好！";}
    document.getElementById("demo").innerHTML=x;
</script>
```

图 4-16 聪明一点儿的代码

其中，(time>20) 和 (time>8) 交换了一下位置，并且多了一个单词 else。这个单词的意思就是"否则"。这么修改之后，最多只需要修改一次变量 x 的值就可以了。

这就是多条件判断，这种写法又被称作"if…else 语句串"。

挑战

还有一个聪明的写法，那就是用逻辑运算符，你可以自己试着写出代码来。提示，if (time > 8 && time < 12)。

如果条件更多，写很多 else if 也有点儿啰唆。所以 JavaScript 还有一个更高级的条件判断方法，那就是"分支"——switch 语句。关于这个语句的用法，在这里就不赘述了。

3. 循环

计算机最擅长做的就是循环，也就是简单重复的动作。

循环当然要有开始和结束的条件，否则就不知道什么时候开始什么时候结束了。永远不会开始的循环显然没有什么用途，而一旦开始永远不会结束的循环也要不得，这种循环一般被称为"无限循环"或者"死循环"。有些严重的死循环甚至会使计算机陷入"死机"状态。

接下来我们看看在 JavaScript 中如何使用和控制循环。

（1）最简单的循环——for 循环

如果没有其他条件，就是想重复几遍某些动作，一般都会用 for 循环。

使用下面这个小程序就可以很方便地计算并显示 2 的 1 次幂到 10 次幂是多少（当然，你也可以让它算到 100 次幂）：

for (var i = 1; i <= 10 ; i++)
　{x= x+"2 的 "+i+" 次方是：" + Math.pow(2,i) + "<br>";}

for 后面括号的意思就是用变量 i 来控制循环，i 的初始值是 1，每次循环增加 1，到 10 时停止循环。

每次循环要执行的动作就是计算 2 的 i 次幂，然后把结果放到字符串变量 x 中。"<br>"就是 HTML 中换行的意思。

这里用到了一个数学函数——Math.pow(x,y)，意思就是计算 x 的 y 次幂。把它放到之前的练习环境中，如图 4-17 所示。

```html
<!DOCTYPE html><html>
<head><meta charset="utf-8"></head>
<body>

<p id="demo"></p>
<script>
    var x="";
    for (var i = 1; i <= 10 ; i++)
      {x= x+"2的"+i+"次方是：" + Math.pow(2,i) + "<br>";}
    document.getElementById("demo").innerHTML=x;
</script>

</body>
</html>
```

图 4-17　用 for 循环计算 2 的幂

（2）更加灵活的 while 循环

while 循环其实也很简单，就是指定一个条件，只要满足这个条件，就一直循环执行某些动作，如图 4-18 所示（我们还是以计算 2 的 1 次幂到 10 次幂这个小任务为例）。

```
<!DOCTYPE html><html>
<head><meta charset="utf-8"></head>
<body>

<p id="demo"></p>
<script>
    var x="";
    var i = 1;
    while (i <= 10)
      {
          x= x+"2的"+i+"次方是: " + Math.pow(2,i) + "<br>";
          i++;
      }
    document.getElementById("demo").innerHTML=x;
</script>

</body>
</html>
```

图 4-18　while 循环代码

和前面的 for 循环语句比较一下，就是把循环变量 i 初始化的语句放到了前面，把循环变量增加 1 的语句放到了循环体中，循环条件还是 i<=10。

这两段代码的执行效果完全一样。

（3）while 循环的变体

仔细琢磨上面的 while 循环，只有在指定条件满足（也就是其结果为真，即 true）的时候，循环才会被执行。如果在循环开始之前就把 i 的数值改成 11，循环根本不会执行。

有时候，我们需要先执行一遍之后再判断是不是已经达到了停止循环的条件，于是就有了 while 循环的一个新的用法，就是：

do
　{循环语句;}
while (条件);

我们用这种方法把刚才的代码改一下，如图 4-19 所示。

再执行一次就会看到，虽然 i 的初始值为 11，已经不满足循环要求的条件，但 2 的 11 次幂还是被计算并显示了出来。

```
<!DOCTYPE html><html>
<head><meta charset="utf-8"></head>
<body>

<p id="demo"></p>
<script>
    var x="";
    var i = 11;
    do
      {
          x= x+"2的"+i+"次方是: " + Math.pow(2,i) + "<br>";
          i++;
      }
    while (i <= 10)

    document.getElementById("demo").innerHTML=x;
</script>

</body>
</html>
```

图 4-19   do…while 循环

提示:

　　使用 while 循环时，一定要避免死循环。如果在循环体中把 "i++;" 这条语句删掉，那么这个循环一旦被执行（如 i 的初始值为 9），就永远停不下来了，除非把浏览器关掉。

　　恭喜你！你已经学会了计算机编程中最基本也是最重要的流程控制。这些关键词（if、else、for、while、do）和其用法在大多数编程语言里基本都是一样的。

4.3.5　JavaScript 高级知识和技巧

　　下面介绍一些有关 JavaScript 的高级知识和技巧，熟练掌握了这些内容，你离一名真正的程序员就更近了一大步。

1. 代码复用和函数

学会了一门编程语言之后，随着编写的程序越来越多，就会发现经常会重复用到之前编写的某段代码，使用这些代码的一个简单的方式就是复制粘贴。

但是我们要学会另外一个更聪明的办法，那就是代码复用，即把一段实现特定功能的代码打包在一起（在 JavaScript 中用大括号"{ }"括起来），给这段代码起个好记的名字，每次需要的时候就可以用这个名字调用这段代码了。需要的话，你还可以向这段代码传递一些数据，或者从这段代码获取结果。这个方法也有一个高大上的名字——函数，对应的英文单词是 function。

对于很多初学编程的人来说，"函数"这个名字有些费解，它和我们在数学课上学习的函数有些不太一样。原因是在英语中，function 的意思主要是"功能、职责、用途"，也有"函数"这个含义。但在中文里，这几个词汇的含义差别就很大了。其实在计算机编程中，function 的含义更接近于中文中的"功能"，有时在使用上也确实接近我们数学课上学习的函数。只不过大家都习惯"函数"这个叫法了。

下面通过一个求和函数，来说明在 JavaScript 中函数的定义和使用方法。

```
function sum(x,y)
{
return x+y;
}
```

前面的 function 是一个关键词，即定义一个函数，后面的 sum 就是这个函数的名称，函数名后面的括号是要传递给函数的参数。再后面大括号中的语句就是这个函数的功能体，这个函数的功能就是计算两个参数的和，然后返回（return）给调用这个函数的语句。下面这条语句就调用了这个函数：

```
var z = sum(2,3);
```

这条语句执行完之后，变量 z 的数值就是 5。

这种可以返回值的函数，和我们在数学课上学习的函数概念是一致的。而在计算机编程中，很多函数是没有返回值的，只是执行函数功能体中的语句，执行完就结束了。这种函数和数学课上的概念就不一样了。例如下面的代码也是一个函数：

```
function myfunction()
{alert("this is a function");}
```

其中，alert 是一个 JavaScript 内置的函数（也就是已经定义好了可以随时调用的函数），作用就是弹出一个小窗口，窗口中的内容就是传递给 alert() 函数的参数。

我们定义的这个函数 myfunction() 不接收任何参数，也没有计算过程，只是弹出一个小窗口。

这个函数的调用也很简单，方法如下：

```
myfunction();
```

明白函数的使用方法之后，就可以在编程中加以使用。使用函数的一个很大的好处就是可以把大段的代码隐藏在函数中，然后把函数放在程序的最后或者其他不显眼的地方，在主程序中就不需要再关注这段代码，需要的时候用一条语句调用就可以了。这样写出来的程序看起来非常简洁、直观。

2. 文档数据模型 DOM（Document Object Model）

JavaScript 语言很强大，使用也很广泛，其中应用最多的场景就是网站前端开发，JavaScript、HTML 和 CSS 并称为前端开发三剑客，JavaScript 在这三剑客中的分工就是负责网页的各种动态效果和行为，换句话说，通过 JavaScript 语言，我们就可以使用编程的方法控制浏览器显示的各种效果甚至内容（当然，除了显示，还有声音的播放或者视频播放）。

要做到这一点（实现对网页内容和效果的控制），需要一个模型，以便可以用标准化的、简洁的方法分辨出组成网页的各个元素。其实模型这个概念是无处不在的，例如将我们在学校的班级以及同学们的学号等信息组合在一起也是一种模型。在这个模型的作用下，我们说"三年级 1 班的 123 号同学苏小妹"的时候，听的人很快就知道说的是谁了。再深究一下，我们人体也是模型，每个人有两只手，每只手有五个手指，在这个模型基础上，我们再说"苏小妹同学的左手无名指被钉子扎破了"，那么听的人不需要亲眼看到也可以明白苏小妹伤在哪儿，因为大家对这个人体模型都非常熟悉。

具体到 JavaScript 语言操作网页这个场景下，需要用到的就是 DOM 这个模型，它的作用就是允许 JavaScript 代码访问或修改 Web 页面的各种元素（如段落、区块、标题、图片、文本框等）。方法也很简单，就是在 HTML 中定义页面的元素时，先给需要用 JavaScript 代码访问或控制的元素指定一个唯一的 id（标识），然后在代码中使用 DOM 方法 document.getElementById() 来操作这个元素。

在前面的练习中，我们通过这个方法来修改 id 为 demo 的那个段落元素的内容（innerHTML 属性），以达到在网页中显示程序结果的目的。

下面是菜鸟教程网站上一个有趣的小例子，如图 4-20 所示，运行效果就是用鼠标单击一下灯泡，它就会打开或关闭。网址是 http://www.runoob.com/try/try.php?filename=try_bulb。

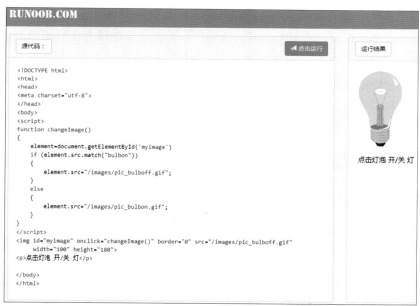

图 4-20　菜鸟教程网站上的 DOM 实例——灯泡控制

其中先定义了一个名为 changeImage() 的函数，函数中使用 getElement-ById() 方法获取 ID 为 myimage 的元素（从下文可以看出其实就是图片元素），然后是修改图片元素的 src 属性，如果原来是 pic_bulbon.gif，就改成 pic_bulboff.gif，否则就改成 pic_bulbon.gif，也就形成了灯泡开关的效果。在后面的

HTML 的 <body> 部分，使用 <img> 标签定义了一个图片元素，给它指定的 id 就是 myimage，并且指定图片在被鼠标单击时调用 changeImage() 函数、加载后首先显示的图片源是 pic_bulboff.gif，也就是说，灯泡开始时是关闭状态的。

3. 帆布（canvas）元素

你在浏览器里面玩过游戏吗？现在有很多非常好玩的小游戏，在浏览器里打开网页就能玩，不用下载也不用安装（其实是下载过了，只不过不用再保存到硬盘，而是保存在内存里）。比如在本书的附录 B 中就可以找到贪吃蛇、俄罗斯方块、2048 这 3 个好玩的网页游戏。你一定会想：这些是怎么做到的呢？

JavaScript 可以操控网页中的所有元素，其中一个最让人着迷、最能体现 JavaScript 乐趣的，大概就是 canvas 元素了。网上各种网页小游戏和炫酷的网页动画，基本上都是利用这个元素制作的。

canvas 在很多地方都被翻译成"画布"，其实这个翻译方法是不准确的。现实中的画布，画上东西后就很难再改了，而我们这儿的 canvas 不是这样，你不但可以在上面随便画，还可以随便改，甚至可以在上面玩动画！

下面是一个动画小程序，可以看出在浏览器中制作动画是如何的简单。程序只有十几行，在我们的练习环境中输入如图 4-21 所示的代码就可以了。

```
<!DOCTYPE html><html>
<head><meta charset="utf-8"></head>
<body>
<canvas id="canvas" width="200" height="200"></canvas>
<script>
    var canvas=document.getElementById("canvas");
    var ctx=canvas.getContext("2d");
    var size=30;
    setInterval(function()
     {ctx.fillStyle="Blue";
     ctx.fillRect(0,0,200,200);
     ctx.fillStyle="Red";
     size++;
     if (size>100) size=0;
     ctx.fillRect(100-size,100-size,size*2,size*2);
     },10);
</script>
</body>
</html>
```

图 4-21　动画小程序代码

程序定义了一个 200×200 的帆布并涂成蓝色，然后中间有一个不断变大的红色方块，一旦红色方块填满整个帆布就重新开始，运行效果如图 4-22所示。

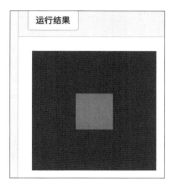

图 4-22　动画小程序运行效果

是不是很容易？当然，如果要做出更炫、更复杂的动画甚至游戏，肯定需要更多的代码和时间，相信你经过学习和练习，不久之后就可以用 JavaScript创作自己的作品了。

4. 程序员 "偷懒" 的典型代表——库

前面简单介绍了 JavaScript 内置的一些很强大的功能，如果我们多花些时间练习使用这些功能，就会发现很多工作是重复的，甚至是很烦琐的。我们说过，有无数高水平的程序员，在写了大量的 JavaScript 代码之后，都会总结归纳出很多常用、好用、强大的 JavaScript 代码（主要是各种函数），他们会把这些代码集中在一起，制作成 JavaScript 框架，又叫 JavaScript 库、JavaScript 类库等。在以后进行 JavaScript 编程时，只需要把框架引用过来，就可以直接利用这些代码，避免了重复劳动，极大地简化了 JavaScript 编程的过程，提高了工作效率。这就是代码复用的典型表现。

如果用一句简短的话来说明框架的作用，就是 "写得少、做得多"。现在有各种各样的 JavaScript 框架，其中最著名也最受欢迎的，非 jQuery 莫属了。

下面我们来看一个使用 jQuery 的小例子，代码如图 4-23 所示（jq1.html）。

```
jq1.html
 1    <!DOCTYPE html>
 2    <html>
 3    <head>
 4    <meta charset="utf-8">
 5    <script src="http://ajax.aspnetcdn.com/ajax/jQuery/jquery-3.4.1.js"></script>
 6    <script>
 7    $(document).ready(function(){
 8      $("p").click(function(){
 9        $(this).hide();
10      });
11    });
12    </script>
13    </head>
14    <body>
15    <p>如果你敢点我，我就敢消失。</p>
16    <p>点击我，我也会消失。</p>
17    <p>还有我啦！</p>
18    </body>
19    </html>
```

图 4-23　jQuery 示例

像其他练习一样，先在自己计算机上编辑好这个 html 文件，然后用浏览器打开，看看具体运行效果。

下面简单说说 jQuery 的使用方法。

首先，要使用 jQuery 框架，第一步就是要在 HTML 代码中加载它，即第 5 行，这个 src 的作用就是到指定地址获取 jQuery 框架的代码：

然后，在第 6 行到第 12 行定义"文档就绪函数"，可以简单理解成文档加载完成后就会生效的函数。其中又定义了针对段落元素（p 元素）的单击事件，即单击后自行消失。

用浏览器打开这个文件后，如果用鼠标单击任何一个段落，这个段落就会消失。我们已经学习过 JavaScript 基本语法，如果不用 jQuery，而是使用基本的 JavaScript 语言，显然需要写更多的代码。

这就是 JavaScript 框架的魅力，写得更少、做得更多！

鉴于本书主要是向大家介绍 Web 知识，更多的 JavaScript 和 jQuery 技巧就不再展开讨论了。

4.4　能力越大，责任越大

前面我们把 JavaScript 比作导演用的脚本，那么这个脚本都可以指挥（或者说读取和改动）哪些演员和道具呢？具体如下：

- 页面中所有的 HTML 元素。
- 页面中所有的 HTML 属性。
- 页面中所有的 CSS 样式。

另外，JavaScript 还可以完成以下工作：

- 对页面中所有的事件做出反应。
- 控制浏览器窗口的外观和行为。
- 创建、修改、读取和删除 cookie。

读取和操控 HTML 元素、属性、样式以及对事件做出响应，使用的是一种叫作文档对象模型（DOM，Document Object Model）的机制。通过 DOM 模型，就可以在代码中查找和修改页面中的各个元素及其属性、样式，或者响应其对应的各种事件。

而控制浏览器窗口的外观和行为，则是通过另外一个模型——浏览器对象模型（BOM，Browser Object Model）。通过这个模型，JavaScript 代码可以判断当前软、硬件平台，浏览器的类型、版本和窗口大小，打开、关闭和移动窗口，调整窗口大小，控制浏览器转向其他网址（包括指定网址或后退前进），操作 cookie 等。

什么是 cookie？

cookie，原意是"小甜饼、小饼干"。在 Web 领域，指的是某些网站在浏览者计算机上保存的一种小文件，主要记录的是用户名、密码、浏览过的网页、停留的时间等信息。这样下次浏览同一网站时，就不用重复输入用户名密码了，还可以针对每个浏览者提供独特的内容（如购物车里的商品信息等）。这样，浏览者的体验就会更好，就像吃了可口的小甜饼一样开心。

下面来看一段非常简单却又非常危险的代码——死循环，代码如图 4-24 所示。

这段程序的核心更简单，只有很短的一行，也很容易看明白，就是反复地执行"alert(1);"这条语句。实际运行效果呢？就是一直不停地弹出一个小窗口，甚至弄得连浏览器都不能正常使用了（IE），最后只能召唤出任务管理器，关掉浏览器进程才能让计算机恢复正常。

```
js5.htm
1    <!DOCTYPE html>
2  ☐<html><head>
3    <meta charset="utf-8">
4    <title>趣味JavaScript（五）</title>
5   </head>
6  ☐<body>
7    <h1>其实没啥趣味、反而很危险的JavaScript代码</h1>
8  ☐<script>
9    while (true){alert(1);}
10   </script>
11  </body></html>
```

图 4-24　死循环代码

你看，这么一行简单的代码就产生了这么严重的后果。所以，对于 JavaScript 这门强大的语言，一定要注意安全、正确、合理地使用它。

我们一直强调，JavaScript 是给浏览器使用的编程语言。其实，这句话原来是对的，后来由于 JavaScript 实在是太好学、太好用、太强大了，在很多地方，包括服务器端都忍不住要使用这门语言了，这就是 node.js——现在非常热门的技术，即在浏览器之外的环境中运行 JavaScript 程序。也就是说，只要学会了 JavaScript，不但网站前端，连智能家居、服务器等都可以成为你施展魅力的舞台。

JavaScript 和 Java 是什么关系？

爱好计算机技术的你，一定知道或听说过 Java。这也是一个非常著名的、使用非常广泛的计算机编程语言，它的标志是一杯热气腾腾的咖啡，如图 4.25 所示。

那你知道 Java 和 JavaScript 是什么关系吗？

其实"Java 和 JavaScript 的关系，就像雷锋和雷峰塔的关系一样（如图 4-26 所示），也就是没有关系！"

图 4-25　Java 语言的标志

图 4-26　雷锋 vs 雷峰塔

　　JavaScript 的正式名称是 ECMAScript。ECMA 又是什么呢？ ECMA 原来是全称"欧洲计算机制造商联合会"的缩写，由一些世界主流的技术公司组成，后来更名为 Ecma International，成了一个权威的世界性机构。这个组织的目标就是评估、开发和认可电信和计算机标准。JavaScript 这门强大而又流行的脚本语言，就是由这个组织用"ECMA-262 技术标准"正式确定的。

　　虽然是正式名称，但不得不承认 ECMAScript 不如 JavaScript 好记。据说当初开发者是为了蹭 Java 的热度才起了 JavaScript 这个名字，后来虽然有了正式的名称，大家仍然喜欢用这个不正式、甚至不合法的名字来叫它（JavaScript 其实是 Oracle 公司的一个注册商标）。

第 5 章

让我们的网站活起来

前面我们介绍了网站前端三剑客——HTML、CSS 和 JavaScript。利用 HTML 和 CSS，可以制作出美观、实用的网站内容，利用好最新版本的 HTML5 和 CSS3，甚至还可以为网站增加一些动态效果。不过要说动态效果，这更是 JavaScript 的强项。

用好 JavaScript 虽然可以使网站充满各种炫酷的动态效果，但这还不够，这仅仅是让网站"动了起来"。要让网站真正有自己的灵魂、真正"活起来"，一个功能完善的网站后端必不可少。

针对 Web 这二十年来的发展，有人借用软件的版本号概念为不同阶段的 Web 编制了版本号。Web1.0 时代，强调的是网站的内容。作为用户的浏览者，只能被动地从网站获取事先准备好的内容。这个阶段，可以说只有前端就够了，也就是说，用好 HTML、CSS 和 JavaScript，就可以打造出非常棒的 Web1.0 网站了。

到了 Web2.0，强调的是用户和网站、用户和用户之间的关系。从技术上来看，用户和网站的互动就成了一个基本的功能要求。而用户和网站的互动，我们把它分解一下，就是用户可以向网站提交自己创作的内容，网站把这些内容接收下来并存储，然后可以按照事先设计好的规则向其他用户展现。这样用户之间就可以通过网站实现交流，用户之间的关系也就得到了体现。

而网站后端的根本任务，就是接收、存储和组织用户提交的内容。

本章我们就来看看网站的后端到底是什么样子，如图 5-1 所示。和前面几章一样，通过几个有意思的实例，一边学习一边动手完善我们自己计算机上的网站。

图 5-1 后端才是网站的灵魂

5.1 后端才是网站的灵魂

如果把网站比喻成一个人，那么服务器本身（机箱、处理器、内存、硬盘、带宽等）可以看作是网站的躯壳，前端（网页，HTML+CSS+JavaScript）可以看作是网站的容貌，而真正使网站活起来的后端，则是网站的灵魂。

到了 Web2.0 时代，后端也就成了基本功能。现在，几乎所有的网站都是 Web2.0 的网站，那么一个网站能够脱颖而出的相对于其他类似网站的最本质区别，已经不仅仅是看起来是否漂亮，而是网站的功能。而网站各种功能的实现，最核心的就是网站后端的设计。

例如，现在我们说一个社区网站或者论坛，说的就是这个网站的主要功能；同样地，说一个电商网站、新闻网站或游戏网站等，说的都是它们的功能。想想我们平常上网时各个网站的表现，仔细琢磨一下，就可以发现 Web2.0 时代网站的一些共同特点，具体如下。

- 网站上的内容不再是固定不变的，而是会因用户的不同而不同。
- 用户可以注册账号，登录后拥有只属于自己的独特的内容（如购物车）。
- 用户可以发表评论或上传各种内容。
- 用户可以和网站的其他用户沟通联系。

● 用户在网站上的各种行为会被记录并反映到积分、级别等方面。

5.2 "交互"与"动态"

前面我们说到过网页的动态效果，也说到了 Web2.0 时代的网页与 Web1.0 的不同。这里又有几个概念容易产生混淆，实际上也经常被用混。

首先是静态网页和动态网页。最早期的简单的网页，上面没有会动的元素，被称为"静态网页"。相对地，增加了动态效果的网页就被一些人称作"动态网页"。后来随着网络的发展，越来越多的人不再认同这种分法，而是把一经设计好就不会再变的网页，哪怕上面充满了各种动态效果，都叫作"静态网页"；而真正被大家认可的"动态网页"，是指可以根据时间、用户等自动变更内容的网页，或者说可以和用户交互的网页。如电商网站，每个用户看到的购物车页面，显示的都是自己放进去的商品，如果换个用户名登录，看到的购物车页面也会跟着改变。这种内容可以动态改变的网页，也就是 Web2.0 时代的网页，才能真正称得上是"动态网页"。

显然，这种跟用户直接相关、甚至可以被用户控制的动态，要比那些仅仅是会动的动画元素，意义和作用要大得多。为了避免混淆，这种"动态"经常会被"交互"这个词代替。用户向网站提交的任何信息，最终在自己或别人看到的内容中得到了体现，这个过程就是用户和网站的"交互"。

前面我们学习过，用户向网站提交信息的最典型的方式就是表单。而服务器端的任务，就是收集用户通过表单提交的信息，然后存储，最后通过合理的方式向用户展现。当然，这些都是靠服务器端的代码来实现的。

说到这里，再回头看一下 HTML 中表单的使用方法。前面我们学习了如何用代码"画出"表单，但是在表单中填写的所有数据都没有被收集和使用。接下来，先看看在服务器端如何收集用户在表单中提交的数据。

做到这一点的方法也很简单，就是在表单的标记 <form> 中增加两个属性：

<form action= " × × × × " method="post">

其中 action 属性的值就是“××××”部分，作用是指定接收并处理这个表单数据的程序。如果省略这个属性，则表示由当前文件处理（也就是说，要把收集处理表单数据的代码存放到表单所在的文件中）。一般为了便于代码维护，展示表单用的网页文件（通常是 html）与收集处理表单数据的程序代码是分开的，所以一般在 <form> 标记中都会专门指定 action 的值，也就是接收处理表单数据的程序。

而另一个属性 method，则是浏览器向服务器发送表单数据所用的方法（HTTP 协议中的内容）。这个属性有两个可供选择的取值：get 和 post。一般来说，post 方法的优点是更安全，数据长度不受限（比如表单数据很多），所以一般情况下，都推荐使用 post 方法。不过要注意，如果省略这个属性，浏览器会默认使用 get 方法。

下面按照图 5-2 所示的代码制作一个简单的表单页面，其作用是输入用户名和密码进行登录，文件保存为 login.htm。

```
login.htm
1  <!DOCTYPE html>
2  <html><head>
3  <meta charset="utf-8">
4  <title>请登录</title>
5  </head>
6  <body>
7  <p>欢迎登录</p>
8  <form>
9    账号：<input type="text" name="name"><br>
10   密码：<input type="password" name="pwd"><br>
11   <input type="submit" value="提 交">
12   <input type="reset" value="重 置">
13 </form>
14 </body></html>
```

图 5-2　简单的登录表单代码

和之前一样，在第 8 行的 <form> 标记处省略了 action 属性和 method 属性。根据刚才的解释，这意味着：

- 通过这个表单提交的数据仍然会被 login.htm 文件接收并处理（显然，我们在这儿并没有做任何处理）。
- 这个表单的数据会默认使用 get 方法发送到服务器。

用浏览器打开这个页面，效果如图 5-3 所示。

接下来，在“账号”和“密码”文本框中输入几个字符，如图 5-4 所示，然后单击“提交”按钮。

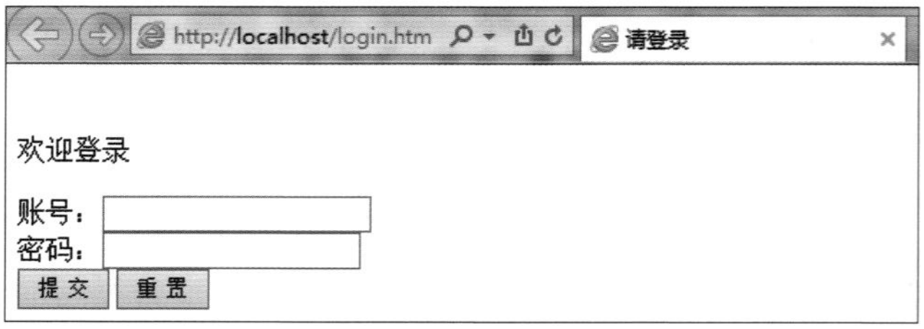

图 5-3　简单的登录表单效果

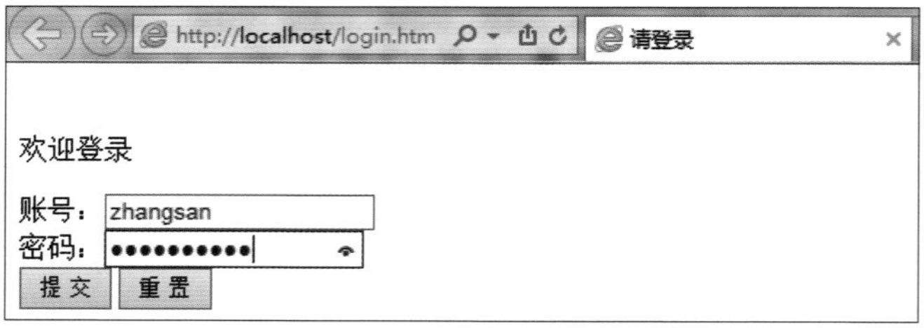

图 5-4　输入账号和密码

由于我们为"密码"文本框指定了 password 类型，所以在这里输入的字符都会显示成小黑点，以免被旁边的人偷看（这种行为被称作"肩膀攻击"，就是从你的肩膀上方偷窥你的屏幕以获取敏感信息）。

单击"提交"按钮之后，浏览器界面上除了两个文本框被清空之外，还有一个非常重要的变化，你看出来了吗？

没错，就是地址栏！如图 5-5 所示，地址栏里出现了非常敏感的内容。

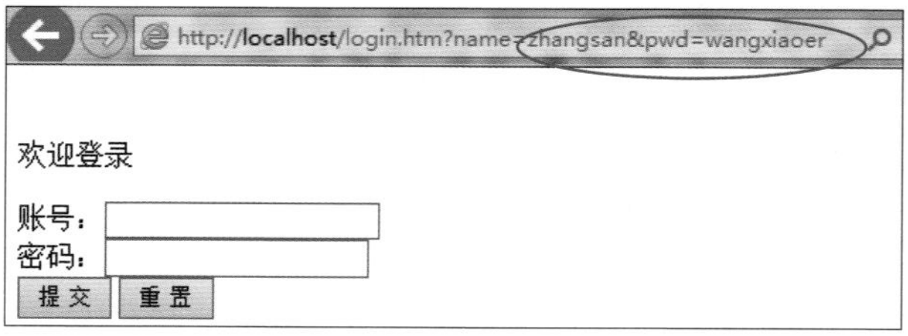

图 5-5　表单默认使用了不安全的 get 方法

刚才在"账号"文本框中输入的"zhangsan"和在"密码"文本框输入的"wangxiaoer"都被显示到地址栏里。这样如果有人看一眼地址栏的话，密码就会被泄露。这就是 get 方法不安全的体现。同时，由于使用 get 方法传递的信息都会显示在地址栏里，而地址栏是有长度限制的，也就决定了 get 方法能够传递的信息量是很有限的。

小白早就想到了这一点："那我在 <form> 标记那儿指定使用 post 方法就可以了吧？"

别着急，我们先想想另外一个问题，就是 get 方法相对于 post 方法又有什么优点呢？

没错，这种把变量直接放到地址栏的方法，可以很方便地做成书签，以后单击书签就可以把这些信息直接带过去了，不用再逐个输入。当然，如果没有密码等敏感信息、数据量又不大的时候，get 方法也是很好的选择。

回到刚才的思路，继续讨论 post 方法。由于 Windows 自带的 IIS 功能比较简单，如果想测试 post 方法的话有点儿麻烦。另外，我们还要学习如何用服务器端的代码收集和处理表单数据，继续使用 IIS 的话也会很麻烦。所以，IIS 的使命到此结束。

还记得怎么卸载 IIS 吗？如图 5-6 所示，打开"控制面板"，单击"程序和功能"，然后单击"打开或关闭 Windows 功能"，在弹出的对话框中取消勾选"Internet 信息服务"前面的小方块，然后单击"确定"按钮就可以了。

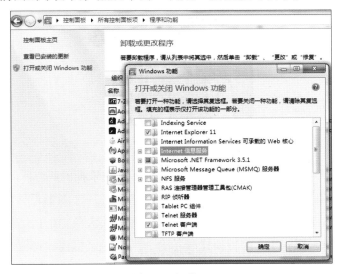

图 5-6　卸载 IIS

卸载 IIS 后，就要请另外一个更加强大的 Web 服务器软件登场了！

5.3 PHP，世界上最好的编程语言之一

用作 Web 服务器端的开发语言有很多种，而使用相对广泛且易学的则非 PHP 莫属。

小白的问题依然层出不穷："老师，老师，PHP 这个名字到底是什么意思呢？"

清青老师一直都很赞赏小白的这种思考和学习精神，于是答道："非常好的问题！很多同学在学习的时候往往不去思考，比如看到一个名称，只是觉得记住名称就可以了，却从来不去想这个名称到底是什么意思。

不过说起 PHP 这个名称的具体含义，根据这门语言开发者的官方权威说法，PHP 的正式名称是"PHP：Hypertext Preprocessor"，其中"Hypertext Preprocessor"的中文含义就是"超文本预处理器"。也就是说，PHP 这 3 个字母分别来自 PHP、Hypertext、Preprocessor 这 3 个单词的首字母。

我们先看看这门语言的吉祥物——一头可爱的大象，如图 5-7 所示。

图 5-7　PHP 的吉祥物

小白又思考了："为什么是大象呢？大象不是很笨拙的吗？"

据说，大象被选中作为 PHP 的吉祥物，起源于一个图形设计师在学习 PHP 语言时，觉得 PHP 这 3 个字母放在一起看着就像一头大象。由于大象强大又温顺，且广受人们喜欢，与 PHP 的特质比较符合，所以一经提出，即受到了包括 PHP 作者在内的广泛赞成，于是这头可爱的大象就成了 PHP 的吉祥物。

其实，互联网上很多著名的软件都有一个很可爱、很受大家欢迎的吉祥物，例如 Linux 的吉祥物就是一只非常萌非常可爱的企鹅。

在 5.2 节里，我们忍痛把 Web 服务器软件 IIS 卸载了。现在，我们就要请一个功能更加强大、自带 PHP 语言套件的 Web 服务器登场了，它就是 "Apache/Ngnix/IIS 等几种 Web 服务器软件 + 多个版本的 PHP 语言 +MySQL+……"，其实它还有一个名字——phpStudy，这是一个多种软件打包的程序，里面包括 Web 服务器软件、PHP 语言、MySQL 数据库软件、数据库管理软件等，看起来只是安装了一个小软件，实际上是好几个很强大也很常用的软件都被一起安装了，并且还不用进行烦琐的配置。

如图 5-8 所示，直接在 www.xp.cn 网站下载 phpStudy，然后安装好即可直接使用（也可以在本书附录 B 所提供的地址下载）。

图 5-8　phpStudy2018 下载

提示：

如果你打开这个网站的时候，已经变成了 phpStudy2019 或者其他的版本，没关系，直接下载即可，一样好用。

类似的软件包还有 WampServer、XAMPP、PHPnow、EasyPHP、AppServ 等，清青老师推荐使用 phpStudy，后面我们也以这个软件为例进行练习。

phpStudy 会默认安装到 C:\phpStudy 目录下，一般也不用修改这个目录。

而我们的网站根目录，是这个目录下的 PHPTutorial/www 子目录，可以把之前制作的"C:\inetpub\wwwroot"目录中的所有文件都转移"C:\phpStudy\ PHPTutorial\WWW"这个目录中。

打开 phpStudy 软件，有可能会提示有更新的版本，这时直接更新就可以了。当然也可以取消，不过清青老师推荐大家尽量更新软件。

打开该软件后的界面如图 5-9 所示。

图 5-9　phpStudy 软件启动界面

直接单击"启动"按钮，"运行状态"栏中的两个小方块会变成绿色。

软件安装好之后，下面开始正式学习 PHP 语言！

首先，修改前面制作的 login.htm 文件，为第 8 行的 <form> 标记增加属性，改为：

<form action="login.php" method="post">

也就是说，指定 login.php 文件作为接收和处理这个表单数据的程序，并指明用 post 方法向服务器发送数据。

当然，login.php 文件必须存在，内容如图 5-10 所示。

```
1   <!DOCTYPE html>
2   <html><head>
3   <meta charset="utf-8">
4   <title>成功登录</title>
5   </head>
6   <body>
7   <?php
8   $name = @$_POST['name'];
9   $pass = @$_POST['pwd'];
10  echo $name,",欢迎光临！<br>";
11  echo "你输入的密码是：",$pass;
12  ?>
13  </body></html>
```

图 5-10　登录表单的数据接收程序代码

小白一眼就看出了一个特点："咦？这不还是 html 吗？"

清青老师点点头："你说得没错，虽然将文件名后缀改成了 php，但是文件内容里还是有很多 HTML 标记，甚至可以说，整体上还是一个 html 文件。"

只不过有一点必须注意，那就是比起正常的 HTML 代码文件，多了"<?php"和"?>"这一对特殊的标记。这一对标记之间，就不是 HTML 代码了，而是 PHP 代码。

文件编辑好并保存之后，在浏览器里打开 login.htm 文件，输入账号和密码后再单击"提交"按钮。首先，看一下地址栏，变成了 http://localhost/login.php，并且不再有用户输入的信息，如图 5-11 所示。这是因为：

● 指定了由 login.php 来接收处理表单数据，所以现在由 login.php 为我们呈现处理结果。

● 使用了更加安全的 post 方法，所以地址栏就不会泄密了（如图 5-11 所示，地址栏里没有敏感信息啦）。

图 5-11　login.php 运行结果

再按 Ctrl+U 快捷键看一下这个结果页面的源码，如图 5-12 所示。

图 5-12　通过浏览器看到的 login.php 源码

你看出问题来了吗？和刚才编辑的 login.php 文件的内容不一样！

这是怎么回事呢？

原来，服务器在把 login.php 的内容发送给浏览器之前，自己会先看一下文件的内容。如果发现有"<?php"和"?>"这一对特殊的标记，就把这对标记中间的 PHP 代码执行一遍，然后再把执行的结果放回原地（把 PHP 代码替换掉），然后才发送给浏览器。和 JavaScript 这种前端代码对比一下，我们可以在浏览器中看到 JavaScript 的程序代码，却看不到 PHP 的程序代码。这是因为 JavaScript 是给浏览器运行的，而 PHP 是服务器自己要运行的。

通过这个例子，还可以看到：浏览器将在表单中输入的内容，通过 $_POST 传递给了服务器（准确地说是服务器端的 login.php 程序）。学习过其他语言的同学，一看就知道这是一个数组变量，而数组的下标名称，就是在 html 文件中给文本框起的名字（即 name 和 pwd）。

当然，这么简单的代码只是为了说明 PHP 运行的效果。在实际使用中，还有一个非常重要的问题，就是安全！千万不要以为这么简单的代码就不会有问题，事实上，这个例子也是一个典型的 Web 安全漏洞的示例。为什么呢？就是服务器端把用户输入的内容没有进行任何审查就照原样发送给了浏览器，这样就会构成一个"注入"类型的漏洞。

做个小实验,在"账号"或者"密码"文本框中输入如下一串字符,然后提交。

```
<script>alert(1)</script>
```

你会发现本来是当作用户名或密码输入的文本内容被当作程序代码运行了，弹出了一个警告窗口。按 Ctrl+U 快捷键看一下网页源码，如图 5-13 所示，就会发现这一串字符成了一个 JavaScript 语句，被嵌入 HTML 中。

图 5-13　可执行代码被注入 HTML

这就是非常经典的注入型漏洞的原理。

为了安全起见，服务器端必须对任何用户输入的内容进行检查，删除恶意代码后再交给用户端浏览器去显示或者执行。

看到这儿，我想你一定注意到了：PHP 代码可以嵌入 HTML 中，并且 PHP 代码还可以输出 HTML 内容，这也是 PHP 被大家广泛喜爱的一大原因——与HTML 无缝集成！有一个统计数据可以说明 PHP 有多么受欢迎——同样是来自权威网站 w3techs.com 在 2019 年 11 月的统计——世界上有 79% 的网站都在用PHP。

既然 PHP 是一门计算机编程语言，那么与其他编程语言一样，PHP 也有变量常量、数据类型、运算符、判断、循环、分支、函数、对象、关键字等这些编程语言的要素（关于这门语言更多的细节我们在 5.5 节展开介绍）。这里先给大家介绍两个非常有名的用 PHP 制作的建站工具，就是用来建立起一个功能强大、页面漂亮的网站的现成的 PHP 代码包，可以粗略地体会一下 PHP 的强大。

第一个当属最著名的论坛系统 Discuz！。Discuz! 是康盛创想（北京）科技有限公司推出的一套通用的社区论坛软件系统，用户可以在不需要任何编程的基础上，通过简单的设置和安装，就能在互联网上搭建起具备完善的功能、强大的负载能力和可高度定制的论坛网站。Discuz! 的基础架构采用世界上最流行的 Web 编程组合 PHP+MySQL 实现，是一个经过完善设计，适用于各种服务器环境的高效论坛系统解决方案。

第二个是 WordPress，这是一个使用 PHP 语言开发的博客平台，用户可以在支持 PHP 和 MySQL 数据库的服务器上架设属于自己的网站，也可以把它当作一个内容管理系统（CMS）来使用。根据 w3techs.com 在 2018 年 3 月 1 日的统计，世界上超过 50% 的网站都使用了内容管理系统，其中超过 60% 的网站使用的就是 WordPress。

5.4 学习 PHP 语言

与前面的 JavaScript 一样，在领略完 PHP 语言强大的能力和独特的魅力之后，我们也要花一定的时间和精力真正地学习 PHP 语言，真正动手编写和调试几段 PHP 代码。只有这样，才能真正有所收获。

经过前面的学习，我们学会了 JavaScript 这门专门给浏览器运行的网页编程的语言，也了解到所有高级编程语言都有很多相似、相通、甚至相同的地方。正是因为如此，在学会一门编程语言之后，再学习另外一门语言就会特别轻松，因为所有的概念和基本思路都已经熟悉，编程的意识和思维习惯已经具备，只需要关注两个语言的差异点就行了。

5.4.1　基本语法和用法

PHP 是一门创建动态交互性站点的强有力的服务器端脚本语言，同时 PHP 还是免费的，并且使用非常广泛。

另外 PHP 的使用与 HTML 密不可分，具体来说，就是通过 <?php ?> 这个标记嵌入 HTML 中——当然也可以说是把 HTML 嵌入 PHP 文档中，因为这些文件在服务器上必须以 *.php 为后缀名保存。不管到底是谁嵌入谁，反正 HTML 和 PHP 代码可以存在于同一个文件中，并且互相配合紧密，知道并记住这一点就可以了。

与任何编程语言一样，在学习和练习的时候，PHP 也需要一个方便使用的运行环境。最直接的方法，就是利用前面介绍的 phpStudy 套件搭建一个 Web 服务器，在服务器上编辑保存 PHP 文件，然后用浏览器访问这些文件——就像真正的 Web 服务器开发那样。

与学习 JavaScript 一样，这个方法在实际操作中有些费事。更简便的方法还是利用之前介绍过的"菜鸟教程"网站 http://www.runoob.com/try/runcode.php?filename=demo_intro&type=php。

与 JavaScript 的练习环境几乎一样,左侧的"源代码"框是输入源代码用的，右侧的"运行结果"框就是一个简化的 Web 浏览器。输入源码之后单击"点击运行"按钮即可看到效果，如图 5-14 所示。

与 JavaScript 练习不太一样的是，JavaScript 有浏览器就足够了，而 PHP 却需要在服务器上执行，菜鸟教程提供的这个练习环境也一样离不开服务器的支持（实际过程就是单击"点击运行"按钮之后,浏览器会先把代码上传到服务器，然后右边的"运行结果"框再到服务器上请求刚才上传的代码。如果网络连接不顺畅或者服务器不稳定，这种方法就会很难用。而前面的 JavaScript 练习环境则不需要往服务器上传）。

图 5-14 便捷的 PHP 代码练习环境

明确了练习环境，我们先熟悉一下 PHP 的基本语法。

学习编程语言时，第一件事往往就是先弄清楚注释怎么写。和其他语言一样，在 PHP 代码中也可以加入注释，方法与 JavaScript 也一样："//"表示单行注释、"/* */"表示多行注释。

PHP 中的每个代码行都必须以分号结束（英文的分号）。这和 JavaScript 不太一样，JavaScript 中的分号可以省略，但在 PHP 中不能省略。所以，如果担心弄混的话，在 JavaScript 中也养成不省略分号的习惯吧。

　　再次强调，在几乎所有的编程语言中，除了字符串内部之外，一切标点符号都必须用英文输入法输入。

练习和调试 PHP 代码有一点要比 JavaScript 方便得多，那就是输出。

JavaScript 要通过 DOM 方法输出到 html 文档,而 PHP 是在服务器上运行,运行的结果直接就是 html 文档的内容,所以在代码中就可以直接输出内容了。可以实现输出的语句有两个:echo 和 print。使用也都很简单,例如下面这段代码。

```php
<?php
echo "<h2>Hello World!</h2>";
echo("Hello World!<br>");
echo " 第一个字符串 "," 第二个字符串 "," 第三个字符串 <br>";
print "<h2>Hello World!</h2>";
print("Hello World!<br>");
?>
```

由以上代码可知,echo 和 print 都可以在后面直接跟输出内容(里面可以包含各种 HTML 标记);可以使用括号,也可以不使用括号,随心所欲。

要说这两个指令的区别,那就是 echo 在不使用括号的时候,后面可以跟多个字符串。另外,echo 执行得更快,没有返回值;而 print 执行后会返回 1。

如果记不住也没关系,一般使用 echo 就可以了,也不用添加括号。

上面这几条语句都是输出一行(如果没有使用
、<p>、<h1> ~ <h6> 等具有换行效果的标记,在页面显示中都不会换行)。还有一种可以方便地输出大段内容的方法,具体如下:

```php
<?php
echo <<<EOF
    <h1> 任意数量的标题 </h1>
    <p> 任意数量的段落等各种内容。</p>
EOF;// 单独一行、前面不能有空格、要与指定的结束标记一致
?>
```

就是在 echo 空格后面接 3 个小于号和结束标志(这里使用的是 EOF,也可以使用任意字符串,只要不在要输出的内容中出现即可),然后就可以直接跟上大段的内容,直到碰到独立一行且前后没有空格的结束标记和分号,echo 执行结束。

一点通

与 JavaScript 一样，PHP 也是区分大小写的。所以一定要注意，不要把大小写弄错。

5.4.2　PHP 的数据类型、变量与常量

因为我们已经学会了一门高级编程语言，所以在学习 PHP 的时候就可以更顺利了。下面是关于 PHP 中数据类型、变量和常量的一些基础语法。

1. 变量

PHP 中的变量以 $ 符号开始，$ 后面是变量的名称。例如：

```php
<?php
$txt=" 这是一段文本！ ";
$x=5;
$y=8;
$z=$x+$y;
echo ' 变量 $z 的值是：',$z;
?>
```

这一点与 JavaScript 不一样，JavaScript 中变量名前面没有 $ 符号或其他符号。

2. 常量

在概念上，与变量相对应的，就是不会变的量，即常量。
常量定义之后就不能改变了。看看下面这段代码：

```php
<?php
define("HELLO", "HELLO 的意思是你好！ ");
echo HELLO;
```

```
echo '<br>';
echo hello;
?>
```

define 语句的作用就是定义一个常量，这里常量的名字就是"HELLO"，定义后就可以直接使用了（不要用 $ 符号，那是变量的）。另外，由于 PHP 是区分大小写的语言，所以如果把常量名字的大小写弄错是不行的。

当然，还可以指明定义的常量名称不区分大小写，把 define 语句改成下面的形式就可以了：

define("HELLO", "HELLO 的意思是你好！　",true);

就是增加一个参数 true，其作用就是指明这个常量名称不分大小写。

除了在程序中自己定义的常量之外，PHP 还定义了很多很有用的"魔术常量"，如"_ _LINE_ _"，注意这个名字，大写的"LINE"前后各有两个下画线。前面我们说常量定义好之后就不能变，也不会变了，可是魔术常量就不一样了，它自己会变！这个"_ _LINE_ _"魔术常量的含义就是当前的行号，可以这样使用：

```
<?php
echo '这是第 ' . __LINE__ . ' 行 ';
?>
```

有过编程经验的同学很容易想道：在调试程序时，这个魔术常量会非常好用。

其他魔术常量如 PHP 文件的文件名、所在路径、函数名称等，都是对代码调试很有帮助的，感兴趣的读者可自己学习。

3. PHP 语言的数据类型

PHP 中的布尔值（Boolean）与 JavaScript 中的几乎没有区别。

数值型数据与 JavaScript 就不一样了，需要注意的是，PHP 中的数值区分整数（英文单词 Integer，没有小数点和小数部分）和浮点数（英文单词 Float，有小数点和小数部分）。

其字符串（String）与 JavaScript 有一样的地方也有不一样的地方。一样的就是都可以用单引号或者双引号来表示字符串。例如：

```php
<?php
$txt1="Hello world!<br>";
$txt2='Hello World!<br>';
echo $txt1,$txt2;
?>
```

在这里这两个字符串没有任何区别。

但是在 PHP 中，单引号和双引号却有很大区别。再来试试如下代码：

```php
<?php
$x=5;
$txt1="Hello \nWorld! $x<br>";
$txt2='Hello \nWorld! $x<br>';
echo $txt1,$txt2;
?>
```

这段代码运行的结果是：

Hello
World! 5
Hello \nWorld! $x

也就是说，单引号里面的字符串在使用时就是它原来的样子，什么都不会变。而双引号就不一样了，里面的变量名、转义字符在使用时都会被替换。

另外，如果我们想把几个字符串拼接成一个字符串，在 JavaScript 中使用加号 "+" 就可以了，而在 PHP 中，加号就只能用于数字运算，字符串拼接只能使用点（就是英文中的句号 "."）。

对于其他数据类型如数组（Array）、对象（Object）和空值（Null），我们就不展开讲解了。

5.4.3 PHP 运算符和表达式

PHP 中的运算符和 JavaScript 的基本一样，事实上，大多数编程语言中的运算符都大同小异。下面重点看看不一样的地方。

● 递增和递减运算符 ++、--

运行下面这段代码试试：

```php
<?php
$x=5;
echo ++$x,"<br>";
echo $x,"<br>";
$y=5;
echo $y++,"<br>";
echo $y;
?>
```

++ 放在变量前面，先运算后输出；++ 放在变量后面，先输出后运算。

● 比较运算符中的"不等于"

在 PHP 中，"!=" 和 "<>" 都是不等于运算符，可以随便用。

5.4.4　流程控制

与运算符一样，流程控制在不同编程语言中也都类似。我们以前在 JavaScript 里学习的 if…判断语句（包括 if…else…）、switch 分支语句、for 循环语句、while 循环语句、do…while 循环语句，在 PHP 里也都一样。

5.4.5　高级知识和技巧

在 PHP 中，定义函数的方法与在 JavaScript 中也一样。

PHP 有大量的很强大的内置函数，需要在实际应用中不断地学习、积累，还需要随时查阅参考资料。

作为 Web 服务器端的开发语言，PHP 的强大在数据库、文件上传、表单处理、数学运算、图像处理等多个方面都有很好的体现。PHP 在全球得到了相当广泛的应用，这个成绩绝对是靠着它强大的实力得来的。

5.5　数据库中的数据是最有价值的

现在，绝大多数网站的后端都会有数据库技术的应用。这也是现在好几种免费开源又非常强悍的数据库系统的功劳。例如前面提到的 MySQL，就是一款非常受欢迎、也被非常多的网站采用的免费开源的数据库系统软件。我们在 5.3 节安装的 phpStudy 软件包，也包含了这款优秀的软件。

提起 MySQL，就不得不提与 MySQL 非常接近的 MariaDB。由于 MySQL 后来被甲骨文（Oracle）公司收购，很多人都担心甲骨文某一天会不再继续开源 MySQL，于是原来开发 MySQL 的人另起炉灶开发了 MariaDB，继续承诺开源免费且性能优良，并且使用方法上和 MySQL 基本一致。现在越来越多的网站都开始使用 MariaDB 了。

另外，这两个软件的吉祥物都是非常可爱的动物，一个是海豚，一个是海豹，如图 5-15 所示。

图 5-15　开源数据库软件 MariaDB 和 MySQL 的 Logo

5.6　AJAX 的简单与优雅

在本章的最后，一定要给大家说说 AJAX，AJAX 的全称是 Asynchronous JavaScript and XML，翻译过来就是"异步 JavaScript 和 XML"。还是莫名其妙是不是？

先不管这个名字到底该怎么解释，这里先说说 AJAX 的好处（或者说意义）是什么。AJAX 是与服务器交换数据并更新"部分"网页内容的"艺术"，这里要强调"部分"和"艺术"这两个词。

先说说"部分"，以前（就是在使用 AJAX 之前或者说 AJAX 出现之前），浏览器要更新网页内容或向服务器提交数据或者从服务器获取新的数据，唯一的方法就是刷新整个网页。在前面的例子中，单击表单的"提交"按钮之后，也是刷新了整个网页。这种刷新方法有时候就显得很笨拙，尤其是网页比较大、网速又比较慢的时候。

那么有了 AJAX 之后呢？如果网页中有些内容需要根据新的数据发生变化，那么只改变需要改变的这一部分就好了，其他的内容不需要改变，因此不需要重新从服务器传送，也就不需要在浏览器中刷新了。

接下来还是通过一个实例来体验一下 AJAX 的优雅与简单。

先编辑一个 htm 文件，将其命名为 maxim.htm，内容如图 5-16 所示。

```html
1  <!DOCTYPE html>
2  <html><head>
3  <meta charset="utf-8">
4  <title>AJAX效果</title>
5  <script>
6  function loadXML(cha)
7  {
8      if(cha.length==0)
9      {
10         document.getElementById("result").innerHTML="";
11         return;
12     }
13     var xmlhttp;
14     xmlhttp=new XMLHttpRequest();
15     xmlhttp.onreadystatechange=function()
16     {
17         if (xmlhttp.readyState==4 && xmlhttp.status==200)
18         {
19             document.getElementById("result").innerHTML=xmlhttp.responseText;
20         }
21     }
22     xmlhttp.open("GET","maxim.php?name="+cha,true);
23     xmlhttp.send();
24  }
25  </script>
26  </head>
27  <body>
28  <form>
29  <p>请输入一个字母（a~e）</p>
30  字母：<input type="text" onkeyup="loadXML(this.value)"><br>
31  </form>
32  <p>根据你输入的字母，服务器返回的内容是：</p>
33  <p id="result"></p>
34  </body></html>
```

图 5-16　maxim.htm 源码

然后编辑一个 PHP 文件，命名为 maxim.php，这个名字要与 htm 文件中第

22 行所指定的文件名保持严格一致，否则会出错，内容如图 5-17 所示。

```php
<?php
$name=$_GET["name"];
switch ($name)
{
    case "a":
        echo "Actions speak louder than words. （行动比语言更响亮）";
        break;
    case "b":
        echo "Better late than never. （迟做总比不做好；晚来总比不来强）";
        break;
    case "c":
        echo "Constant dropping wears the stone. （滴水穿石）";
        break;
    case "d":
        echo "Do not teach fish to swim. （不要班门弄斧）";
        break;
    case "e":
        echo "Every man is his own worst enemy. （一个人最大的敌人就是自己。）";
        break;
    default:
        echo "服务器无法理解你的输入！";
}
?>
```

图 5-17　maxim.php 源码

接着用浏览器打开文件 maxim.htm，和之前一样，一定要通过服务器打开，而不是直接双击 maxim.htm 文件。打开后的效果如图 5-18 所示。

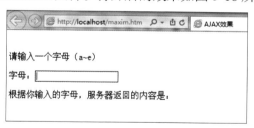

图 5-18　用浏览器打开 maxim.htm 文件

将这两个文件加在一起，就是一个完整的小应用。现在大家都能明白，maxim.htm 是前端，包括 HTML 和 JavaScript，maxim.php 是服务器端，整个运行过程如下。

（1）在文本框里输入任何内容，在松开键盘的那一刻，就会调用 JavaScript 的函数 loadXML（第 30 行），这个函数会把输入的内容发送到服务器，交给 maxim.php 来处理（第 22、23 行）；服务器端的 maxim.php 运行后，会把结果返回给浏览器的 JavaScript 函数。一旦浏览器收到服务器返回的内容，就会修改 id 为 result 的那个段落的内容（第 15 ~ 21 行）。

（2）而服务器这边呢？会先获取浏览器那边送过来的内容（maxim.php 的第二行），然后根据内容决定采取什么动作，如果是 a ~ e 中的任何一个字母，就向浏览器返回一条以这个字母开头的英语格言；如果是其他内容，就告诉浏览器"服务器无法理解你的输入！"（第 3 ~ 21 行）。

（3）浏览器每次都只更新 id 为 result 的那个段落的内容，而不会刷新整个网页，带给用户的体验就比较好，如图 5-19 所示。同时，浏览器与服务器之间交换的数据量也更小，对网络带宽的要求就更低了。这样，由于浏览器只需要刷新一小部分，与服务器之间也只需要交换少量的数据，使得整个运行过程都非常流畅。

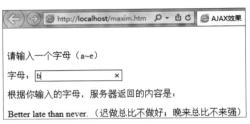

图 5-19　AJAX 使用效果

当然，这个例子的功能很简单，但是整个 AJAX 工作的过程是完整的。服务器端的 PHP 程序可以根据需要进行各种扩充，还可以连接数据库提供数据量更大，更复杂的应用，一切都取决于你的需要和想法。

5.7　分分钟搭建一个论坛网站或博客网站

PHP 语言在全球得到广泛应用的一个很重要的原因，就是现在有很多非常好用的、开源的 PHP 网站内容管理系统（CMS），例如著名的论坛应用 Discuz！和著名的博客应用 WordPress。使用此类 CMS 软件，只需要进行简单的设置，一个整洁漂亮、功能齐全的论坛网站或者博客网站就可以建成。当然，除 CMS 之外，也有很多其他类型的基于 PHP 语言的网站建设工具，例如国产的开源商城系统 PHPShop 或 ECShop 等，可以很方便地用来建设一个中型甚至大型的电商网站。

接下来，为了让大家进一步领略 PHP 的魅力，我们在自己的计算机上使用 Discuz！和 WordPress 分别搭建一个论坛网站和一个博客网站。

5.7.1　使用 Discuz！搭建论坛网站

前面我们说过，其实建设一个论坛网站非常容易，甚至没有编程的能力都没关系。

1. 下载最新软件包

打开 Discuz！的官网 http://www.discuz.net，下载最新版软件包。

很明显，这个网站本身也是利用 Discuz！搭建的一个论坛网站，如图 5-20 所示。

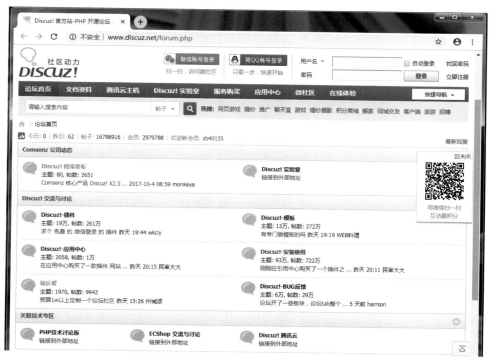

图 5-20　Discuz！官网

进入"Discuz！程序发布"版块就可以找到需要下载的软件包。一般这个版块中置顶的帖子就是最新版的软件发布专帖，例如目前看到的最新版是 X3.4（如图 5-21 所示，后面我们就以这个版本为例进行说明）。

图 5-21　最新版 Discuz！发布帖

　　安装方法很简单，即"上传程序，并执行 http:// 你的域名 / 论坛 /install/"。

　　从 2018 年 1 月 1 日起，官方使用 Git 发布新版，没关系，我们继续单击官方 Git 地址链接，即进入如图 5-22 所示的页面。

图 5-22　Discuz！官方 Git

　　如果熟悉 Git 操作，可以通过右边的"克隆 / 下载"按钮下载官方 Git 提供的简体中文 UTF8 版本，或者通过下面的"打包版下载"更方便地下载各种语言编码的版本，如图 5-23 所示。

图 5-23 打包版使用起来更方便

提示：在该网站下载需要注册，读者也可以在本书附录 B 提供的资源下载地址中找到 Discuz！软件包，该软件可能不是最新版的，但不影响学习。

一般来说，简体中文 UTF8 版本就是最佳选择，下面就用这个版本继续说明。

下载之后，解压软件包，并把解压得到的 upload 目录复制到网站的根目录，也就是 C:\phpStudy\PHPTutorial\WWW 目录下，然后把目录名 upload 改为 bbs(当然，也可以用其他名称，如 forum、discuz 等，但一定要用英文字符，以免出现兼容性问题)。

2. 安装配置

使用浏览器打开网站，在地址栏里修改地址为 http://IP 地址 /bbs，例如在清青老师计算机上，网站的 IP 地址是 10.0.2.3，那么我们要打开的地址就是 http://10.0.2.3/bbs。打开之后，会自动跳转到 10.0.2.3/bbs/install 这个地址，因为这是第一次进行安装，所以会打开安装向导，如图 5-24 所示。

图 5-24 Discuz！安装向导

接下来单击"我同意"按钮，当然，单击之前可以花点儿时间看看这份授
权协议。

然后安装向导会检查安装环境是否符合要求，如图 5-25 和图 5-26 所示，
如果没问题，就会显示为绿色的对号，如果有问题则显示为红色的叉号，就需
要针对具体的问题进行修改。

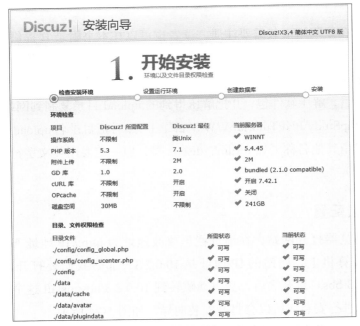

图 5-25　检查安装环境

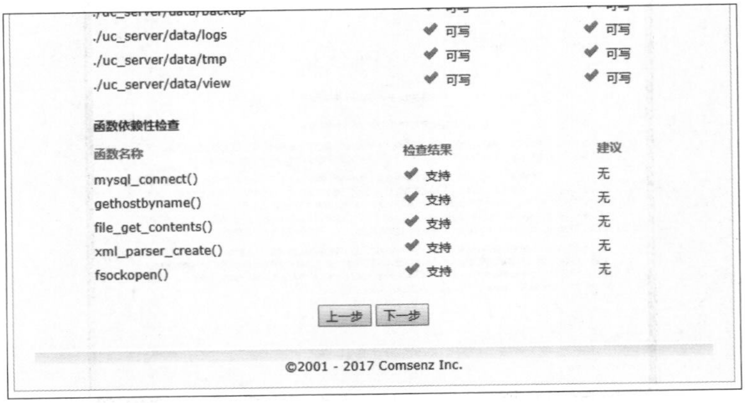

图 5-26　检查没问题，进行下一步

检查没问题，全部符合要求，则在页面的最下方单击"下一步"按钮，进入"2.设置运行环境"这一步，继续安装配置过程，如图 5-27 所示。

图 5-27　设置运行环境

由于我们是第一次安装，所以采用默认的选择"全新安装 Discuz！X（含 UCenter Server）"就没问题了，单击"下一步"按钮，进入"3.安装数据库"这一步，如图 5-28 所示。

图 5-28　安装数据库

这里需要注意两个地方——数据库密码和管理员密码。

"数据库密码"就是 phpStudy 集成的 MySQL 数据库的密码,如果没有改过,默认密码是 root。在我们自己的计算机上练习时,这个密码可以不改。但是如果是在其他的环境,为了安全起见,最好修改这个密码。

"管理员密码"就是要新建的这个论坛网站的管理员的登录密码,与上面的"管理员账号"配合使用,登录后就可以对这个论坛进行管理了。当然,这个"管理员"就是这个论坛的最大的"官",这个密码也要记好。如果真的是在互联网上建设论坛网站,这个密码一定要足够复杂,以确保网站的安全。

设置好这些参数之后,单击"下一步"按钮,安装向导就会自动开始安装,不出意外的话很快就安装完成了,如图 5-29 所示。

图 5-29　安装完成

注意到下面的那行小字了吗?就是"您的论坛已完成安装,点此访问",使用鼠标单击一下，就可以进入已经建设好的论坛网站了，如图 5-30 所示。

图 5-30　刚刚建好的论坛网站

接下来，就可以像使用其他论坛网站一样，在这个论坛上注册新的账号、发帖回帖了。当然，我们还拥有这个论坛的管理员账号，因此也可以体会"大权在握"的感觉啦！

注意：如果在练习时用的版本发生了大的变化，请按照官网提供的说明进行操作，应该比这里讲得更简单。

5.7.2　使用 WordPress 搭建博客网站

根据 WordPress 官网介绍，33% 的互联网都在使用 WordPress，小到兴趣博客，大到新闻网站。

另外，WordPress 的安装使用也很简单，这里就不再赘述了，就当是留给大家的一个小练习。大家可以到 WordPress 官网下载最新的软件包（见图 5-31），自行安装。

图 5-31   WordPress 中文官网

怎么样？网站是不是一点儿也不神秘？通过简短地学习和动手练习，很快就搭建起了我们自己的网站。当然，现在搭建的网站还不够完整，如果要在互联网上正式建设运行一个网站，固定的 IP 地址、好听好记的域名，以及网站备案手续都是必不可少的。等您真的想运行一个属于自己的网站时，一定不要忘了这些操作和手续。

小·知识：

编程语言 vs 标记语言

我们在本书里学到了好几门计算机语言，如 HTML、JavaScript 和 PHP。我们也注意到了 HTML 是一种"标记语言"，而 JavaScript 和 PHP 虽然也是用特定的标记和 HTML 代码结合在一起，但这两种语言明显和 HTML 不一样，它们是编程语言，可以编写出或简单或复杂的程序。

那么如果有人问你"标记语言和编程语言的区别是什么？"，你能回答出来吗？

我们回忆一下 HTML，在不包括任何 JavaScript 内容的一个页面源文件中，就是各种标记，这些标记的不同属性最终决定了一个页面（以及标题栏等）显示哪些内容，以及如何显示。此外，没有任何逻辑上的判断或者行为方面的事情。简单地说，这些内容都是被动的，制作者编辑好之后，浏览器只能被动地把它显示出来。

而 JavaScript 和 PHP 就不一样了，多种逻辑判断、循环操作，如 if、then、else、while、for、switch 等，多种输入输出操作，如 alert()、write()、fopen()，甚至数据库操作等。这些都意味着程序可以根据运行时的各种条件，主动地触发各种动作，如更改页面显示的内容、接收用户输入的文字或上传的图像、后台数据库存取等。

一句话概括标记语言和编程语言最重要的区别就是：编程语言有逻辑和行为能力，而标记语言没有。

第6章

网站也要有品质

在专业领域，有一句话特别富有哲理：好产品的背后往往有好人品，两者有着直接的关系。这句话是说人品比较好的专业人士，在设计开发他们的产品时，一定会发挥善解人意的优良品质，能够体贴地考虑使用者的种种要求，开发出来的产品才能够让使用者感到舒服、顺心、愉快（如图 6-1 所示）。例如好的汽车，不管是驾驶还是乘坐，一定会有好的感受。好的网站也是一样。

本章我们将简单地说说网站品质方面的事情。

图 6-1　优秀的品质是人类的普遍追求

6.1 品质的标准

对于网站来说，对品质的最基本要求就是符合相关标准。所谓符合相关标准，就是网站的内容在制作过程中，要做到 HTML 部分符合最新的 HTML 标准规范（现在是 5.0）、CSS 也要符合 CSS 标准规范，同样 JavaScript 也要符合 JavaScript 的标准规范。

怎么才能做到这一点呢？除了学习好这些标准的详细内容之外，在网站正式对外提供服务之前，采用一些专用的工具对网站内容进行验证，无疑是一个很有必要的好办法。让工具对所有内容进行一次完整的检查，把不符合标准的地方找出来并加以修改，这样我们就有足够的信心说网站达到了基本的品质要求。

当然，本书的目的主要是让大家了解网站相关的基础知识。如果某一天你真的需要用到这些验证工具了，那就意味着你所掌握的知识和技能已远远地超出了这本书的范畴，你已经成为一名专业人士了。

6.2 品质的细节

品质高尚的一个体现，就是不惜让自己麻烦，也要让别人更方便。在制作网站内容时，这个原则同样适用。例如在 HTML 中，忽略很多标记一般也不会产生明显的问题，但是如果加上这些标记，就可以让更多的浏览器更准确快速地显示，也可以让看这些网页源码的人更容易阅读。我们不辞辛劳（其实也不算什么大事儿）把这些标记都加上，不也是一个品质高尚的行为吗？

例如，htm 文件最开始处的"<!DOCTYPE html>"标记，非常多的网站作者都将它忽略了。但是如果保留，就可以让浏览器在一开始就可以明确地知道这是一个 html 文档，浏览器就不用再去推测了，同时还可以让验证工具软件进行语法检查时更高效，何乐而不为呢？

再例如 <title> 标记，很多网页也忽略了。这个标记可以在浏览器标题栏里显示一个简洁的关于本网页的说明，让人一眼就可以看出这个页面的主题，不也是很好的一件事情吗?

还有"<h1><h2><h3>…<h6>"这些标记，默认情况下，浏览器显示 <h1> 标题时用的字号很大，有些喜欢耍小聪明的网站作者就舍弃 <h1> 而是从 <h2> 甚至 <h3> 开始使用，这就是一种很不规范的做法。如果嫌 <h1> 的字号太大，完全可以使用样式表指定字号大小。舍弃标准里定义好的标题级别，看似省事了，却会导致一些软件工具在试图理解网页结构时产生问题。所以，高品质的网站不应该存在这种耍小聪明的方法。

另外一个是我们之前提到过的，为每张图片都加上 alt 属性，这也是一种善解人意的做法。

除了 HTML，CSS 对于网站的品质来说也很重要。

使用 CSS 可以高效地管理网站中所有页面的样式。需要注意的是，在使用 CSS 的时候，有些细节对于品质也有着直接的影响。

例如，在指定字体大小的时候，不要使用绝对数值，而是使用相对值。例如，指定正常的文字尺寸为 100%、主标题尺寸为 140%、次标题尺寸为 120%。这么做是因为每个人浏览网站时使用的显示器设备、浏览器以及个性化设置都可能不一样，甚至可能还有一些视力不好的用户。如果使用相对尺寸，可以确保每个人的浏览器上的显示都是可以接受的效果。另外，不要使用很小的默认字体，那样会让用户痛恨我们的网站!

另外，由于访问者能够修改默认的颜色选项（并且总会有人这么做），所以在 CSS 中定义某些元素的颜色时，一定要同时指定背景色。否则一旦选择的颜色与访问者设置的背景色接近，那就什么都看不出来了。

除了颜色的搭配，字符的间距、行间距也需要仔细设置。

最后，尽量不要使用花里胡哨的字体。

6.3　体贴是最暖心的品质

有些人士由于先天的因素或后天的意外，身体某些方面可能存在行动障碍。

毫无疑问，这些人士需要我们给予更加体贴的关爱。对于网站来说，作为制作人员，我们更需要关注的是在视觉或听觉方面存在障碍的人士，为他们定制一些特殊的功能，以方便他们使用。

另外，有些人由于其他条件的限制，可能会使用一些特殊的设备或浏览器软件来访问我们的网站。而这些特殊设备或软件，比起常用的设备或软件又有很大的不同。

前面我们讨论过，手机或手持设备相对于计算机，无论在屏幕尺寸还是在软件特性方面，都有很大区别。除此之外，计算机也可能会有一些特殊的型号，如小屏幕、黑白屏幕（单色屏幕）。浏览器软件在支持的特性方面也是一个很大的变数，例如以前提到过的纯文本浏览器，以及更为特殊的语音浏览器。这些问题我们都应该考虑到并尽可能提供方便的支持。

除了人的身体条件、设备本身的特点、浏览器软件的不同之外，可能还会有些人在一些特殊的环境中进行网络访问，如强光、黑暗、噪音、极其安静等。我们在制作网站时，也需要关注这些特殊的环境产生的一些特别的要求。例如，有些网站制作者喜欢用背景音乐，如果所选择的音乐是那种开头就非常热烈，并且打开页面后就自动播放的话，在其他地方可能还没关系，但是如果是在图书馆访问这个网站，是不是很尴尬？如果把音乐改成音量从很小慢慢增大，并且开始比较舒缓的话，是不是环境的适应性更好一些？至少用户可以在引起尴尬之前关掉声音。

6.4 别忘了国际化

随着网络的发展和普及，在多年前就有人提出了"地球村"的概念。我们坐在计算机前，几乎可以访问地球上任何地方的网站。同样，我们自己制作的网站只要保持网络连接，说不定什么时候就会有来自地球上任何角落的人来访问。

所以，国际化也就顺理成章地成为一个高品质网站的要求。

提到国际化，首先必不可少的就是网站内容的合理翻译。如果考虑外国人也可能来访问我们网站的话，除了中文内容之外，最好有一套完整的、翻译合理的英文内容。

说起翻译，其实这是一门非常高深的艺术。虽然我们不能要求每一个网站上面的翻译都达到"信、达、雅"的程度，但是基本准确、完整是必需的，至少不能出现类似图 6-2 和图 6-3 所示的这种搞笑的翻译。

图 6-2　搞笑的翻译（图片来自网络）

图 6-3　搞笑的翻译（图片来自网络）

除了翻译之外，还有一些值得特别关注的地方。例如网站的字符集，应尽量使用国际字符集并在 <head> 部分明确标示，以确保在大部分设备上都可以正常显示而不是满屏的乱码。

另外一个值得关注的就是日期的格式。我们知道，世界上不同地方的人们表达日期的方式也不相同，例如日期被写成"08/07/06"或"08–07–06"，有人就会理解成 2008 年 7 月 6 日，也有人会理解成 2008 年 6 月 7 日，还会有人理解成 2006 年的 8 月 7 日或 2006 年 7 月 8 日。为了避免这样的混乱，国际标准化组织特意定义了一个表达日期的国际标准化格式——"yyyy–mm–dd"，即开头用 4 位数字表示公元纪年，中间的 mm 表示月份，后面的 dd 表示日期。这样绝大多数人便不会产生误会了。

学无止境，Web 技术发展近况

作为人类科技与智慧高度发展的产物，Web 技术自从诞生之日起就一直经历着日新月异的变化。虽然最基础、最核心的东西没有太大变化，但在现实应用中，各种各样的新技术一直在不断地涌现，有些技术在很短的时间内就得到了大规模的应用，有些技术虽然应用不太广泛，但在某些特殊的领域却有着非常重要的意义和作用。

Web 技术的发展现状很难用简短的篇幅描述清楚，但为了帮助读者建立一个整体认识，下面我们就通过 w3techs.com 网站的统计数据来简单了解一下。

注意，所有数据截至 2019 年 11 月，以后的变化请读者自行了解。

1. 内容管理系统

内容管理系统又叫 CMS（Content Management Systems），是创建和管理网站内容的软件。CMS 的出现和应用，不但显著地降低了建设网站的技术门槛，而且极大地提高了网站建设和维护的效率。截至目前,全世界超过一半（56.6%）且越来越多的网站都采用了某种 CMS。而 CMS 的种类也非常多，如百科、论坛、博客、电商等，达到数百种之多。在这几百种 CMS 中，使用最多的，就是 WordPress（份额为 61.7%）。所以，如果想进一步学习 Web 技术或者想用心打造一个吸引人的网站，CMS 非常值得关注。

这里有一个值得强调的概念，就是很多文档都把 CMS 的操作界面称为"网站后台"，请大家注意其和网站后端（有时候又叫服务器端）这个概念的区别。事实上，在很多领域，有很多概念在不同的文档或场合的含义有着巨大的差异，Web 领域同样如此。

2. 服务器端编程语言

服务器端的编程是动态网站的核心（请注意动态网站和网页的动态效果是两个不同的概念）。从数量来看，PHP 语言有着绝对的优势，份额达到了 79%。其次是 ASP.NET，份额约为 10.7%，近年来一直在缓慢下降。另外，用于 Web 服务器端编程的语言还有很多，如 Java、CodeFusion、Ruby、JavaScript、Perl、Python、Erlang、Lua、Scala 等，就连 C++ 都有网站在用。

如果要说哪些语言最值得关注和学习的话，除了 PHP，建议读者多关注 Java、JavaScript、Ruby 和 Python，尤其是 JavaScript。

JavaScript 本来是用于前端开发的语言，是在浏览器上运行的，怎么又用到了服务器端了呢？这还是要感谢 Chrome 浏览器，由于它的 V8 引擎本身使用了一些最新的、独特的编译技术，使得用 JavaScript 这类脚本语言编写出来的代码运行速度获得了极大提升，而 JavaScript 语言本身又很容易学习，开发成本较低。于是在 2009 年，Ryan Dahl 对 Chrome V8 引擎进行了封装，开发出 Node.js，使得 JavaScript 可以脱离浏览器运行。这样，这个易于学习、性能又很好的语言就可以用于服务器端开发了。经过几年的发展，Node.js 已经成为一个成熟而且非常受欢迎的开发平台。

3. 客户端编程语言

客户端编程语言就是前端开发语言，不用说，大家都知道 JavaScript 是非常流行的，95% 的网站都在用，对于绝大多数情景来说，学好 JavaScript 就够了。

作为历史，我们需要简单了解一下曾经被用作前端开发的其他语言（当然，现在仍有少量的网站在用）。

最值得说的就是 Flash，这个由 Adobe 公司研究的技术曾经非常流行。Flash 当年最受欢迎的特性就是可以用很小的数据量来展现非常细致、非常丰富的动画效果。但是由于其安全性能较差、对客户端 CPU 处理能力的利用也不好导致能耗较高，现在用它的人和网站越来越少了（只有 3% 并且在持续快速下降），很多公司或组织甚至明确宣布停止使用这项糟糕的技术。

4. JavaScript 库

JavaScript 库又叫 JavaScript 框架。全世界 95% 的网站都在用 JavaScript，其中 75.9% 的网站都在使用某种 JavaScript 框架，并且这个比率还在持续地升高。我们知道，这些框架的使用可以达到"写得少、做得多"的效果，当然就会越来越受欢迎了。

现在 JavaScript 库的种类有很多，可以供大家公开使用的就超过 40 个。不过其中占有绝对优势的就是 jQuery，份额达到了 97.5%，并且还在提升。

5. 字符编码

现在全世界 94.2% 的网站都在使用 UTF-8，同样这个比率也在不断地提升。所以，如果不是有特别的理由，以后你的网站也应该使用 UTF-8。

6. 图片文件格式

图 A-1 所示是近几年全球网站使用的图片文件格式比率的变化趋势，JPG 一直在 70% 以上，GIF 从 70% 快速下降到 24.5%，并且仍然在下降，而 PNG 格式在 2017 年 5 月超过了 JPG 之后仍然在不断上升，而后起之秀的 SVG 保持着最快的增长势头，很快就会超过 GIF 了。

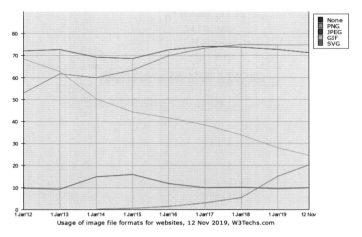

图 A-1　全球网站使用的图片格式比率及变化趋势

PNG 格式的优点是体积小、无损压缩、支持透明效果、支持流式传输，而且不收费（用 GIF 的人越来越少的一个原因就是专利算法），因此大家都用它。

7. 其他网站要素

其他网站要素是指网站建设的一些可选技术特性，其使用情况如图 A-2 所示。

CSS 不用说，太重要、太好用了，所以绝大多数网站都在用。

压缩技术的好处也很多，近几年越来越多的网站都开始使用了。该技术在 Web 服务器软件配置一下就可以了，很简单。

Cookie 小甜饼是很重要的技术，尤其是对于网络安全来说，必须要懂。

对于 HTTPS，我们在书中说过，它很安全，所以使用的网站也是越来越多。

HTTP/2 和 IPv6 估计在未来几年会被大规模应用，有时间一定要了解学习。

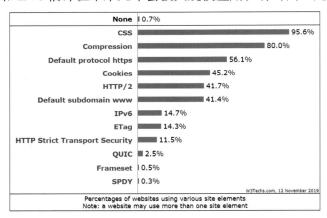

图 A-2　几种网站要素的使用情况统计

附录 B

如何获取书中示例代码和软件

可以扫描下方二维码获取更多的知识和信息，以及书中的示例代码和推荐的软件。

Markdown 简介和使用

Markdown 是目前互联网上一种非常流行的写作语言，对于需要创作大量文字（写作文档，甚至小说等文艺作品）的人来说，Markdown 是最好的朋友。

Markdown 是由作家和程序员 John Gruber 创建的，相当于简化了的 HTML。它允许人们使用易读易写的纯文本格式进行编写，然后转换成有效的 HTML 文档。

Markdown 使用一些简单的符号来标记文本格式，其简洁的语法、优美的格式以及强大的软件支持深受广大使用者的喜爱。

Markdown 最大的优点是易于学习，用户可能只需要花几分钟就可以入门了。下面介绍为什么使用 Markdown 以及 Markdown 的使用方法。

1. 我们为什么要用 Markdown

有一句非常著名也很有哲理的话——No pain, no gain。同样，人们在写作时也碰到了很多问题。

首先，在这个计算机高度普及的年代，不讨论传统的使用纸笔进行写作的情景。我们说的是在计算机上写作，往往会碰到下列问题。

（1）软件不好用，或不会用。

以往大家写作时最常用的软件就是微软公司的 Word 了，当然还有一些类似于 Word 的软件。这些软件基本都有几个共同点：体积庞大、功能繁多。大部分人都不会接触、理解或使用其中的大部分功能。尽管如此，不但要为自己根本用不上的功能花钱买单，还要忍受每次启动软件打开文档时像蜗牛一样的速度，打开软件后还要眼花缭乱地看着很多自己从来不用的按钮和菜单。

再加上软件厂家为了赚钱，经常对版本进行更新，用不着的功能越来越多，同时还带来了软件不兼容的更让人头疼的问题。相信每个使用 Word 的人都会有一种痛苦的经历：使用一个版本写作的文档，发到使用另外一个版本的朋友那儿，打开全是乱的。有时候两台计算机即便是安装了相同版本的 Word 软件，打开同一个文档都会出现难以预料的格式的变化。

（2）排版太费劲。

由于 Word 这类软件的设计出发点就是所谓的 WYSIWYG——What you see is what you get（所见即所得），它追求的效果就是人们在视图中所看到文档与该文档的最终产品具有相同的样子。于是大家在使用这类软件写作时，不可避免地会经常更换颜色、更换字体、调整行高行距、添加艺术效果等，于是大量的时间都被浪费在这些反反复复的调整上，甚至写作的思路都难以做到连续和连贯，更说不上文思泉涌了。

（3）难以进行团队协作。

在现实中，往往会有多个人共同参与一个项目的情景，例如十几个人共同翻译一本书。如果使用 Word 这类软件，那么这个团队的每一个人都会有痛不欲生的经历和感受！想想，一个人突然想起某处需要修改，他需要通知其他所有人。如果后来他又想修改，或者如果有多个人想对多处进行修改，又会怎么样呢？

正是因为大家在使用计算机写作时碰到了这么多的痛苦，所以 John Gruber 这类为了解除这些痛苦进行思考和变革的人才会发明出像 Markdown 语言这种更好用的方法或工具。

我们再来看看 Markdown 是如何解决刚才说的那些问题的吧。

首先，Markdown 兼容性非常强。Markdown 使用的是纯文本格式，可以使用任何编辑器打开，格式都不会乱。

其次，Markdown 语法简单。这一点主要是相对于 HTML 等标记语言来说的，Markdown 只使用一些简单且常用的标记符号，大多数人只需要花几分钟就可以学会。

另外，Markdown 转换成其他常用的格式非常方便。HTML 不用说，转换成 PDF、Word 以及各种电子书格式等都很容易。

将 Markdown 的这些优点综合在一起，就给使用者带来了最大的好处，那就是专注。使用者再也不用纠结排版之类的事情，Markdown 简洁优雅的格式会让使用者沉浸到写作的乐趣之中，思路连贯、文思如泉涌也就顺理成章了。

至于团队协作，由于涉及版本管理的概念，就不展开讲解了。大家只需要记住一点：由于 Markdown 使用的是最原始、最单纯的文本格式，各种版本管理的网站和系统都可以很好地支持，团队协作的问题自然也就迎刃而解了。

知道了 Markdown 的优点，下面来学习 Markdown 的使用。

2. Markdown 应该怎么学、怎么用

简单来说，就是先掌握 Markdown 的基本语法，然后再学会使用 Markdown 工具。

Markdown 的语法很简单，它本质上是高度简化了的 HTML，只提供最常用的语法格式（这样才能真正地简化），从而变得易读易写。使用者再也不必关心复杂的 HTML 标签，而是更专注于写作的内容。

接下来我们通过一个例子领略 Markdown 语言的高效率和魅力。

示例代码如图 C-1 所示，可以使用 Notepad++ 等文本编辑器编辑。

```
1   #  一级标题
2
3   ##  二级标题
4
5   ###  三级标题
6
7   ###  代码
8
9   ```python
10  def test():
11      pass
12
13  ```
14
15  ####  四级标题
16
17  ####  图片
18
19  ![一只喵](pics/cat.jpg)
20
21  **粗体**普通文字*斜体*又是普通文字[这儿有个链接](http://test.com "鼠标来啦！")
22
23  >这是一段引用的文字
24
25  ####  下面是一条分割线
26
27  ---
```

图 C-1   Markdown 示例代码

这个示例的实际显示效果如图 C-2 所示：

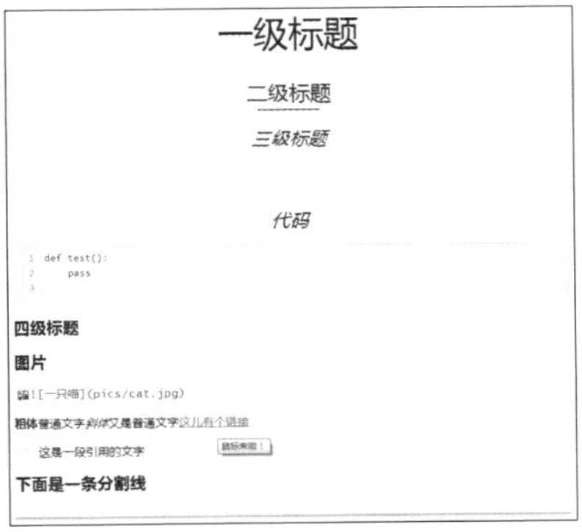

图 C-2　Markdown 示例代码渲染效果（图片地址是故意写错的）

Markdown 代码是很容易转换成 HTML 格式的，下面就是利用软件转换的结果，毫无疑问，比 Markdown 代码复杂多了，如图 C–3 所示。

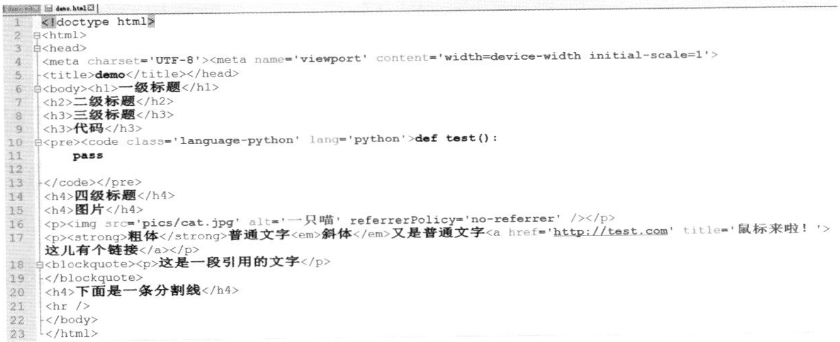

```
<!doctype html>
<html>
<head>
<meta charset='UTF-8'><meta name='viewport' content='width=device-width initial-scale=1'>
<title>demo</title></head>
<body><h1>一级标题</h1>
<h2>二级标题</h2>
<h3>三级标题</h3>
<h3>代码</h3>
<pre><code class='language-python' lang='python'>def test():
    pass

</code></pre>
<h4>四级标题</h4>
<h4>图片</h4>
<p><img src='pics/cat.jpg' alt='一只喵' referrerPolicy='no-referrer' /></p>
<p><strong>粗体</strong>普通文字<em>斜体</em>又是普通文字<a href='http://test.com' title='鼠标来啦！'>
这儿有个链接</a></p>
<blockquote><p>这是一段引用的文字</p>
</blockquote>
<h4>下面是一条分割线</h4>
<hr />
</body>
</html>
```

图 C-3　使用工具软件转换成 HTML 代码

而转换后的 HTML 代码在浏览器中的渲染效果如图 C–4 所示。

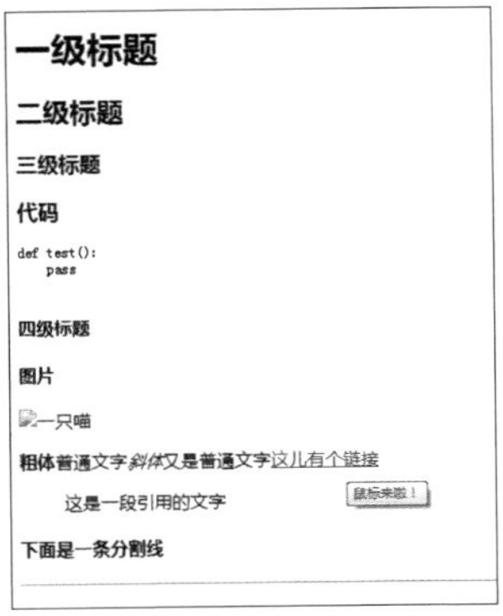

图 C-4　转换成 HTML 代码后的渲染效果（使用谷歌浏览器）

乐

　　仔细对比图 C–2 和图 C–4，可以发现这两个渲染效果并不完全一样。这个差异的最主要原因并不是 Markdown 和 HTML 语言的差异，而是两种不同的软件渲染方法导致不同的结果。实际上，同样的 HTML 文件，在使用不同浏览器打开的时候，显示的结果也经常不一样。即便是同一个软件（不管是 Markdown 编辑软件还是用于 HTML 渲染显示的浏览器），也很有可能支持不同的主题，对同一个文档都可以得到不同的渲染效果。

　　经过对 Markdown 示例代码的学习，我们对 Markdown 已经有了直观的认识。是不是很简单？其实这个示例中已经包含了大部分常用的 Markdown 语法。图 C–5 更好地概括了常用的 Markdown 标记语法。

常用的Markdown标记语法

标题	相当于HTML
#	H1一级标题
##	H2二级标题
###	H3三级标题
######	H6六级标题

无序列表
* 既然无序谁都可以第一
+ 加号也是无序列表标记
- 减号其实也是
* 无序列表可以嵌套

有序列表
1. 既然有序就得明确谁是老大
2. 我有且只有一位大哥
3. 天老大地老二我是王老三
4. 序号加一点然后一个空格

文字格式
粗体 *斜体*

图片
![替代文字][图片地址]

分割线（3个连续的符号）
*** 或 --- 或 ___ （下划线）

链接（目标地址后面有个空格）
[链接文字](目标地址 "标题")

代码（键盘上1左边的那个）
`大段的代码`

引用
> 引用的内容

图 C-5　常用的 Markdown 标记语法

　　另外，关于语法还有以下两点需要强调。

　　（1）Markdown 中的段落之间是以空行进行分割的。

　　也就是说，如果行与行之间没有空行，那么它们将被视为同一段落。

　　空行就是行内什么也没有，顶多只有空格、/ 或制表符。

　　如果想在段落内换行，像普通文本那样仅仅按 Enter 键是不行的，需要在上一行的结尾处插入两个以上的空格，然后再按 Enter 键。

　　（2）和其他语言一样，Markdown 也有特殊符号转义的问题。

　　如果要在文档中输入 *、# 等有特殊意义的符号，可以使用反斜杠"\"进行转义。例如，"\\"代表的就是一个反斜杠"\"，"*"代表的就是"*"。

这里介绍的是标准的 Markdown 语法中的主要部分。由于 Markdown 本身就是简化的结果，有些网站和工具的开发者觉得不足以满足自己的需要，就在标准 Markdown 语法的基础上进行了扩展，这里就不展开讨论了。

3. Markdown 编辑工具推荐

工欲善其事，必先利其器。接下来我们介绍一下好用的 Markdown 编辑工具。

我们知道，既然 Markdown 是文本格式，那么使用任何文本编辑器都可以进行编辑。例如 Windows 自带的"记事本"程序，虽然能用，但非常难用。好一些的文本编辑器，如 Notepad++、Atom 等都针对 Markdown 语言进行了优化，如语法高亮、效果实时预览等。很多网站也可以直接在浏览器中编辑 Markdown 文档，如著名的 github、简书等。

但作为一门优秀的专门针对写作的语言，其文本编辑器也应该与众不同。这里推荐一款非常好用的专门用于 Markdown 语言的编辑器——Typora。

Typora 是目前互联网上最受欢迎的 Markdown 编辑器之一，它简单、高效，并且非常优雅。它把源码编辑和效果预览合二为一，在输入标记之后随即生成效果预览，非常方便。

前面我们看到的 Markdown 示例代码的渲染效果和转换得来的 HTML 代码，就是用这款软件完成的。

与其他很多优秀甚至伟大的软件一样，这款优秀的软件也是免费的，并且支持 Windows、Linux、MacOS 等多种操作系统。

读者可以直接在其官方网站下载该软件，网址为 https://www.typora.io。单击导航栏中的 Download 按钮跳转到下载链接页面即可，如图 C–6 所示。

根据所用操作系统的版本单击对应的按钮，下载后运行安装包，一步一步根据提示操作就可以了。

安装后打开 Typora 软件，其界面很简单，如图 C–7 所示，与一般的软件没什么区别，大家稍微熟悉一下就可以使用了。

图 C-6 从官网下载 Typora 软件

图 C-7 Typora 运行界面

　　除了最重要的 Markdown 实时预览和编辑功能外，这款软件还支持中文，有字数统计功能，并拥有 6 种漂亮的主题。另外，它还支持丰富的 Markdown 语言扩展语法，对于高阶 Markdown 使用者来说也很受欢迎。

对计算机中的文档来说，在不同格式之间转换是必不可少的。除了前面我们介绍过的 Markdown 转换为 HTML 格式（或反过来）之外，还可以与其他格式（如 PDF、Word 等）进行互转。这个转换功能需要另一个软件来实现，那就是 Pandoc。安装 Pandoc 之后，Typora 的导入导出功能就可以完整地使用了。

令人高兴的是，Pandoc 这款软件也是开源的。从著名的 github 网站上就可以找到完整的最新版的源码和各种平台的安装包，如图 C-8 所示，地址是 https://github.com/jgm/pandoc/releases/latest。

▼ Assets 10

📦 pandoc-2.7.3-1-amd64.deb	16.4 MB
📦 pandoc-2.7.3-linux.tar.gz	26.7 MB
📦 pandoc-2.7.3-macOS.pkg	18.5 MB
📦 pandoc-2.7.3-macOS.zip	18.5 MB
📦 pandoc-2.7.3-windows-i386.msi	57.7 MB
📦 pandoc-2.7.3-windows-i386.zip	57.1 MB
📦 pandoc-2.7.3-windows-x86_64.msi	57.5 MB
📦 pandoc-2.7.3-windows-x86_64.zip	57 MB
📄 Source code (zip)	
📄 Source code (tar.gz)	

图 C-8 从 github 网站下载最新版的 Pandoc 软件

下载之后运行安装包，按照提示逐步执行就可以了。安装后不需要单独执行，需要时 Typora 会直接进行调用。

这就是 Markdown 语言的介绍。这么好用的语言和工具，赶快用起来吧！